1일 10분 초등 메가 계산력

5권

초등 3학년

자기 주도 학습력을 기르는 1일 10분 공부 습관!

공부가 쉬워지는 힘, 자기 주도 학습력!

자기 주도 학습력은 스스로 학습을 계획하고, 계획한 대로 실행하고, 결과를 평가하는 과정에서 향상됩니다.
이 과정을 매일 반복하여 훈련하다 보면 주체적인 학습이 가능해지며 이는 곧 공부 자신감으로 연결됩니다.

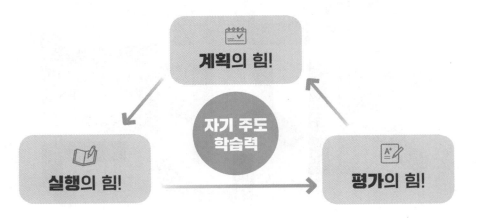

1일 10분 시리즈의 3단계 학습 로드맵

〈1일 10분〉 시리즈는 계획, 실행, 평가하는 3단계 학습 로드맵으로 자기 주도 학습력을 향상시킵니다.
또한 1일 10분씩 꾸준히 학습할 수 있는 부담 없는 학습량으로 매일매일 공부 습관이 형성됩니다.

1단계 학습 계획하기

주 단위로 학습 목표를 확인하고 학습할 날짜를 스스로 계획하는 과정에서 자기 주도 학습력이 향상됩니다.

2단계 학습 실행하기

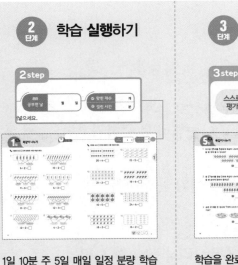

1일 10분 주 5일 매일 일정 분량 학습으로, 초등 학습의 기초를 탄탄하게 잡는 공부 습관이 형성됩니다.

3단계 결과 평가하기

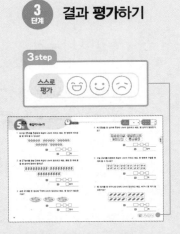

학습을 완료하고 계획대로 실행했는지 스스로 진단하며 성취감과 공부 자신감이 길러집니다.

구성과 특징

핵심 개념

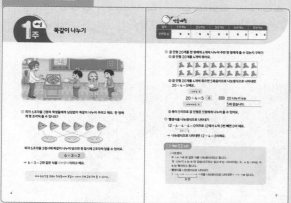

➕ 교과서 개념을 바탕으로 연산 원리를 쉽고 재미있게 이해할 수 있습니다.

연산 연습과 반복

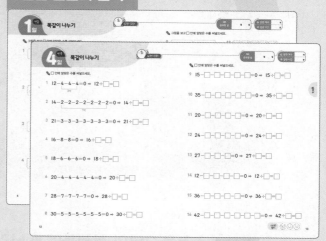

➕ 1일 10분 매일 공부하는 습관으로 연산 실력을 키울 수 있습니다.

연산 응용 학습

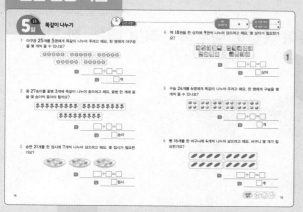

➕ 생각하며 푸는 연산으로 계산 원리를 완벽하게 이해할 수 있습니다.

생각 수학

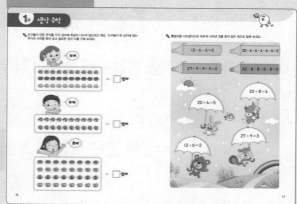

➕ 한 주 동안 공부한 연산을 활용한 문제로 수학적 사고력과 창의력을 키울 수 있습니다.

똑같이 나누기

피자 6조각을 3명의 학생들에게 남김없이 똑같이 나누어 주려고 해요. 한 명에게 몇 조각씩 줄 수 있나요?

피자 6조각을 3접시에 똑같이 나누어 담으면 한 접시에 2조각씩 담을 수 있어요.

$$6 \div 3 = 2$$

➡ $6 \div 3 = 2$와 같은 식을 나눗셈식이라고 해요.

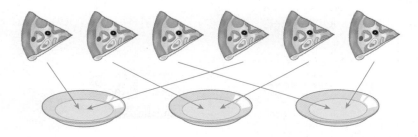

피자 6조각을 3명의 학생들에게 똑같이 나누어 주면 2조각씩 줄 수 있어요.

학습계획

일차	1일 학습	2일 학습	3일 학습	4일 학습	5일 학습
공부할 날	월 일	월 일	월 일	월 일	월 일

✅ 곰 인형 20개를 한 명에게 4개씩 나누어 주면 몇 명에게 줄 수 있는지 구하기

① 곰 인형 20개를 4개씩 묶어요.

② 곰 인형 20개를 4개씩 묶으면 5묶음이므로 나눗셈식으로 나타내면
   20÷4=5예요.

나누는 수

$$20 \div 4 = 5$$ 몫

나누어지는 수

읽기 20 나누기 4는
5와 같습니다.

③ 몫이 5이므로 곰 인형은 5명에게 나누어 줄 수 있어요.

✅ 뺄셈식을 나눗셈식으로 나타내기

12－4－4－4＝0이므로 12에서 4씩 3번 빼면 0이 돼요.
   └─ 3번 ← 몫

➡ 나눗셈식으로 나타내면 12÷4＝3이에요.

📓 개념 쏙쏙 노트

• 나눗셈식
   ■÷▲＝●와 같은 식을 나눗셈식이라고 합니다.
   '■ 나누기 ▲는 ●와 같습니다'라고 읽고 ■는 나누어지는 수, ▲는 나누는 수,
   ●는 몫이라고 합니다.
• 뺄셈식을 나눗셈식으로 나타내기
   ♣－◆－◆－……－◆＝0을 나눗셈식으로 나타내면 ♣÷◆＝■입니다.
   └─ ■번

똑같이 나누기

✏️ 그림을 보고 □ 안에 알맞은 수를 써넣으세요.

1

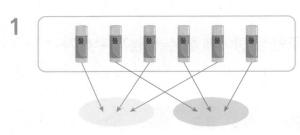

$$6 \div 2 = \boxed{}$$

2

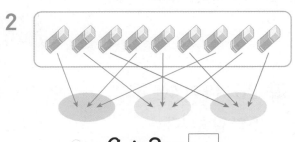

$$9 \div 3 = \boxed{}$$

3

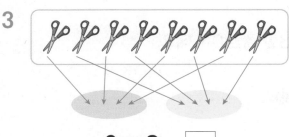

$$8 \div 2 = \boxed{}$$

4

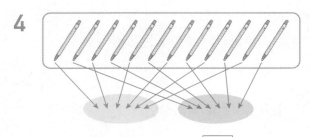

$$12 \div 2 = \boxed{}$$

5

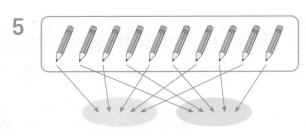

$$10 \div 2 = \boxed{}$$

6

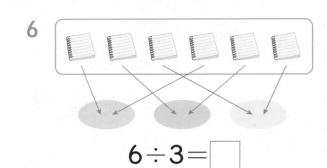

$$6 \div 3 = \boxed{}$$

7

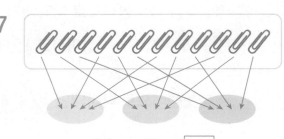

$$12 \div 3 = \boxed{}$$

8

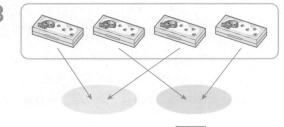

$$4 \div 2 = \boxed{}$$

✏️ 그림을 보고 □ 안에 알맞은 수를 써넣으세요.

9

$$20 \div 4 = \boxed{}$$

13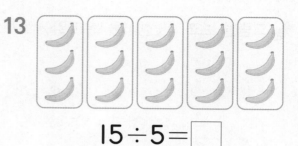

$$15 \div 5 = \boxed{}$$

10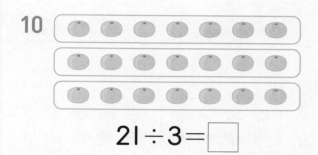

$$21 \div 3 = \boxed{}$$

14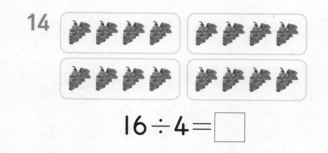

$$16 \div 4 = \boxed{}$$

11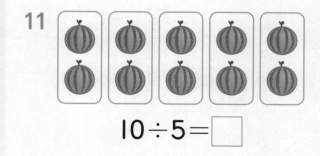

$$10 \div 5 = \boxed{}$$

15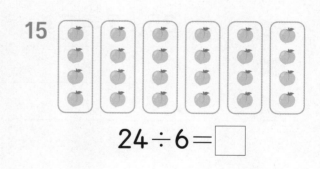

$$24 \div 6 = \boxed{}$$

12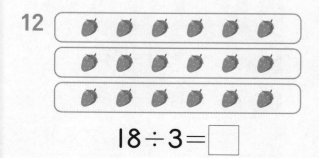

$$18 \div 3 = \boxed{}$$

16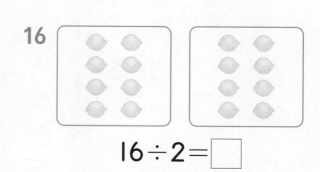

$$16 \div 2 = \boxed{}$$

스스로 평가 😆 🙂 😞

똑같이 나누기

도전! 7분!

✏️ 그림을 보고 나눗셈식을 쓰고 읽어 보세요.

1

쓰기 $18 \div 3 =$ ☐

읽기

2

쓰기 $35 \div 7 =$ ☐

읽기

3

쓰기 $15 \div 5 =$ ☐

읽기

4

쓰기 $16 \div 4 =$ ☐

읽기

5

쓰기 $32 \div 4 =$ ☐

읽기

6

쓰기 $21 \div 3 =$ ☐

읽기

✏️ 그림을 보고 나눗셈식을 쓰고 읽어 보세요.

7

쓰기 $24 \div \boxed{} = \boxed{}$

읽기 _____

_____

10

쓰기 $28 \div \boxed{} = \boxed{}$

읽기 _____

_____

8

쓰기 $40 \div \boxed{} = \boxed{}$

읽기 _____

_____

11

쓰기 $30 \div \boxed{} = \boxed{}$

읽기 _____

_____

9

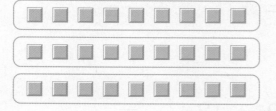

쓰기 $27 \div \boxed{} = \boxed{}$

읽기 _____

_____

12

쓰기 $25 \div \boxed{} = \boxed{}$

읽기 _____

_____

스스로 평가 😄 🙂 😖

9

도전! 6분!

🖊 □ 안에 알맞은 수를 써넣으세요.

1   $10-5-5=0$ ➡ $10÷\boxed{}=\boxed{}$

       2번

2   $6-2-2-2=0$ ➡ $6÷\boxed{}=\boxed{}$

       3번

3   $6-3-3=0$ ➡ $6÷\boxed{}=\boxed{}$

4   $8-2-2-2-2=0$ ➡ $8÷\boxed{}=\boxed{}$

5   $8-4-4=0$ ➡ $8÷\boxed{}=\boxed{}$

6   $9-3-3-3=0$ ➡ $9÷\boxed{}=\boxed{}$

7   $12-2-2-2-2-2-2=0$ ➡ $12÷\boxed{}=\boxed{}$

8   $40-8-8-8-8-8=0$ ➡ $40÷\boxed{}=\boxed{}$

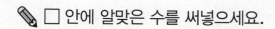
✏️ □ 안에 알맞은 수를 써넣으세요.

9 $21 - \square - \square - \square = 0 \Rightarrow 21 \div \square = 3$

10 $32 - \square - \square - \square - \square = 0 \Rightarrow 32 \div \square = 4$

11 $18 - \square - \square - \square - \square - \square - \square = 0 \Rightarrow 18 \div \square = 6$

12 $10 - \square - \square - \square - \square - \square = 0 \Rightarrow 10 \div \square = 5$

13 $12 - \square - \square = 0 \Rightarrow 12 \div \square = 2$

14 $15 - \square - \square - \square = 0 \Rightarrow 15 \div \square = 3$

15 $16 - \square - \square - \square - \square = 0 \Rightarrow 16 \div \square = 4$

16 $18 - \square - \square = 0 \Rightarrow 18 \div \square = 2$

스스로 평가 😄 ☺ 😞

1주

11

✏️ □ 안에 알맞은 수를 써넣으세요.

1 12−4−4−4=0 ➡ 12÷□=□
  └─ 3번 ─┘

2 14−2−2−2−2−2−2−2=0 ➡ 14÷□=□
  └──── 7번 ────┘

3 21−3−3−3−3−3−3−3=0 ➡ 21÷□=□

4 16−8−8=0 ➡ 16÷□=□

5 18−6−6−6=0 ➡ 18÷□=□

6 20−4−4−4−4−4=0 ➡ 20÷□=□

7 28−7−7−7−7=0 ➡ 28÷□=□

8 30−5−5−5−5−5−5=0 ➡ 30÷□=□

✏️ □ 안에 알맞은 수를 써넣으세요.

9 $15 - \square - \square - \square - \square - \square = 0$ ➡ $15 \div \square = \square$

10 $35 - \square - \square - \square - \square - \square = 0$ ➡ $35 \div \square = \square$

11 $20 - \square - \square - \square - \square = 0$ ➡ $20 \div \square = \square$

12 $24 - \square - \square - \square - \square = 0$ ➡ $24 \div \square = \square$

13 $27 - \square - \square - \square = 0$ ➡ $27 \div \square = \square$

14 $12 - \square - \square - \square - \square = 0$ ➡ $12 \div \square = \square$

15 $36 - \square - \square - \square - \square = 0$ ➡ $36 \div \square = \square$

16 $42 - \square - \square - \square - \square - \square - \square = 0$ ➡ $42 \div \square = \square$

5일 응용 · 똑같이 나누기

1 야구공 25개를 5명에게 똑같이 나누어 주려고 해요. 한 명에게 야구공을 몇 개씩 줄 수 있나요?

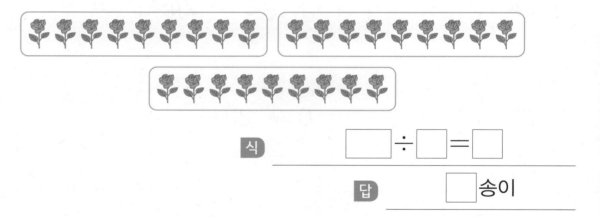

식 ☐ ÷ ☐ = ☐

답 ☐ 개

2 꽃 27송이를 꽃병 3개에 똑같이 나누어 꽂으려고 해요. 꽃병 한 개에 꽃을 몇 송이씩 꽂아야 할까요?

식 ☐ ÷ ☐ = ☐

답 ☐ 송이

3 송편 21개를 한 접시에 7개씩 나누어 담으려고 해요. 몇 접시가 필요한가요?

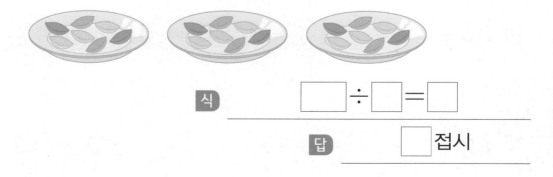

식 ☐ ÷ ☐ = ☐

답 ☐ 접시

4 책 **18**권을 한 상자에 **9**권씩 나누어 담으려고 해요. 몇 상자가 필요한가요?

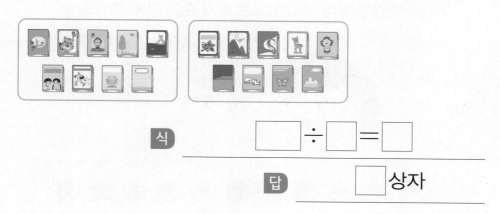

식   ☐ ÷ ☐ = ☐

답   ☐ 상자

5 구슬 **24**개를 **6**명에게 똑같이 나누어 주려고 해요. 한 명에게 구슬을 몇 개씩 줄 수 있나요?

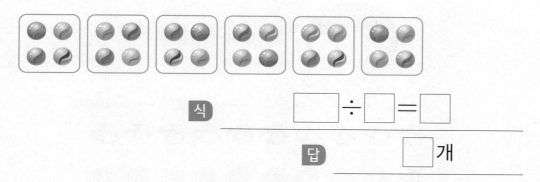

식   ☐ ÷ ☐ = ☐

답   ☐ 개

6 빵 **16**개를 한 바구니에 **4**개씩 나누어 담으려고 해요. 바구니 몇 개가 필요한가요?

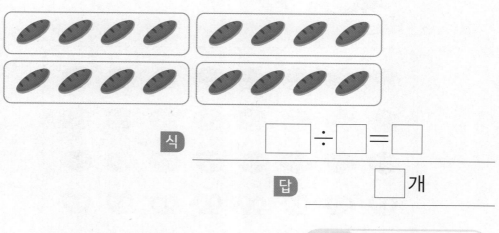

식   ☐ ÷ ☐ = ☐

답   ☐ 개

스스로 평가   😊 🙂 ☹️

✏️ 친구들이 만든 쿠키를 각각 상자에 똑같이 나누어 담으려고 해요. 친구들이 한 상자에 담는 쿠키의 수만큼 묶어 보고 필요한 상자 수를 구해 보세요.

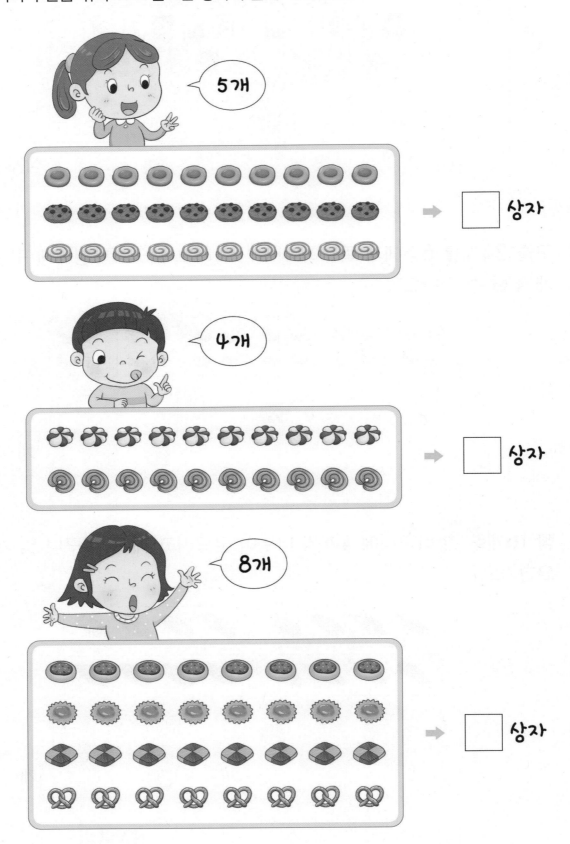

✏️ 뺄셈식을 나눗셈식으로 바르게 나타낸 것을 찾아 같은 색으로 칠해 보세요.

$12-6-6=0$

$20-4-4-4-4-4=0$

$27-9-9-9=0$

$32-8-8-8-8=0$

$20 \div 4 = 5$

$32 \div 8 = 4$

$27 \div 9 = 3$

$12 \div 6 = 2$

곱셈식과 나눗셈식의 관계, 곱셈식을 보고 나눗셈의 몫 구하기

✅ 유진이와 미현이는 각각 쿠키 8개씩 가지고 있어요. 유진이는 상자 2개에, 미현이는 상자 4개에 똑같이 쿠키를 나누어 담으려고 해요. 한 상자에 몇 개씩 담을 수 있는지 곱셈식과 나눗셈식으로 알아보세요.

• 쿠키는 4개씩 2줄이므로 8개예요. ➡ $4 \times 2 = 8$

쿠키 8개를 상자 2개에 똑같이 나누어 담으면 한 상자에 4개씩 담을 수 있어요.

➡ $8 \div 2 = 4$

쿠키 8개를 상자 4개에 똑같이 나누어 담으면 한 상자에 2개씩 담을 수 있어요.

➡ $8 \div 4 = 2$

곱셈식 $4 \times 2 = 8$을 나눗셈식 $8 \div 2 = 4$, $8 \div 4 = 2$로 나타낼 수 있어요.

일차	1일 학습	2일 학습	3일 학습	4일 학습	5일 학습
공부할 날	월 일	월 일	월 일	월 일	월 일

✅ 곱셈식과 나눗셈식의 관계

• 곱셈식을 나눗셈식으로 나타내기

$$3 \times 5 = 15 \qquad 3 \times 5 = 15$$

$$15 \div 3 = 5 \qquad 15 \div 5 = 3$$

$$\rightarrow 3 \times 5 = 15 \begin{cases} 15 \div 3 = 5 \\ 15 \div 5 = 3 \end{cases}$$

• 나눗셈식을 곱셈식으로 나타내기

$$16 \div 2 = 8 \qquad 16 \div 2 = 8$$

$$2 \times 8 = 16 \qquad 8 \times 2 = 16$$

$$\rightarrow 16 \div 2 = 8 \begin{cases} 2 \times 8 = 16 \\ 8 \times 2 = 16 \end{cases}$$

✅ 곱셈식을 보고 나눗셈의 몫 구하기

$$4 \times 3 = 12$$

$$12 \div 4 = \boxed{3} \ \text{몫}$$

→ $4 \times 3 = 12$이므로 $12 \div 4$의 몫은 3이에요.
곱하는 수 3이 몫이에요.

$$7 \times 5 = 35$$

$$35 \div 5 = \boxed{7} \ \text{몫}$$

→ $7 \times 5 = 35$이므로 $35 \div 5$의 몫은 7이에요.
곱해지는 수 7이 몫이에요.

📓 개념 쏙쏙 노트

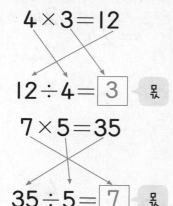

• 곱셈식을 나눗셈식으로 나타내기

$$● \times ▲ = ■ \begin{cases} ■ \div ● = ▲ \\ ■ \div ▲ = ● \end{cases}$$

• 나눗셈식을 곱셈식으로 나타내기

$$■ \div ● = ▲ \begin{cases} ● \times ▲ = ■ \\ ▲ \times ● = ■ \end{cases}$$

• 곱셈식을 보고 나눗셈의 몫 구하기
곱셈식을 나눗셈식으로 나타내면 몫을 구할 수 있습니다.

✏️ □ 안에 알맞은 수를 써넣으세요.

1 $2 \times \square = 6$ $\begin{cases} 6 \div 2 = \square \\ 6 \div \square = 2 \end{cases}$

6 $2 \times \square = 14$ $\begin{cases} 14 \div 2 = \square \\ 14 \div 7 = \square \end{cases}$

2 $2 \times \square = 10$ $\begin{cases} 10 \div 2 = \square \\ 10 \div \square = 2 \end{cases}$

7 $3 \times \square = 24$ $\begin{cases} 24 \div 3 = \square \\ 24 \div 8 = \square \end{cases}$

3 $3 \times \square = 12$ $\begin{cases} 12 \div 3 = \square \\ 12 \div \square = 3 \end{cases}$

8 $4 \times \square = 24$ $\begin{cases} 24 \div 4 = \square \\ 24 \div 6 = \square \end{cases}$

4 $3 \times \square = 21$ $\begin{cases} 21 \div 3 = \square \\ 21 \div \square = 3 \end{cases}$

9 $\square \times 9 = 45$ $\begin{cases} 45 \div \square = 9 \\ 45 \div \square = 5 \end{cases}$

5 $4 \times \square = 8$ $\begin{cases} 8 \div 4 = \square \\ 8 \div \square = 4 \end{cases}$

10 $\square \times 3 = 18$ $\begin{cases} 18 \div \square = 3 \\ 18 \div \square = 6 \end{cases}$

✏️ □ 안에 알맞은 수를 써넣으세요.

11
$10 \div 2 = \square$
$\begin{cases} 2 \times \square = 10 \\ \square \times 2 = 10 \end{cases}$

16
$8 \div 2 = \square$
$\begin{cases} 2 \times \square = 8 \\ 4 \times \square = 8 \end{cases}$

12
$30 \div 5 = \square$
$\begin{cases} 5 \times \square = 30 \\ \square \times 5 = 30 \end{cases}$

17
$42 \div 6 = \square$
$\begin{cases} 6 \times \square = 42 \\ 7 \times \square = 42 \end{cases}$

13
$6 \div 3 = \square$
$\begin{cases} 3 \times \square = 6 \\ \square \times 3 = 6 \end{cases}$

18
$20 \div 4 = \square$
$\begin{cases} 4 \times \square = 20 \\ 5 \times \square = 20 \end{cases}$

14
$15 \div 3 = \square$
$\begin{cases} 3 \times \square = 15 \\ \square \times 3 = 15 \end{cases}$

19
$54 \div \square = 6$
$\begin{cases} \square \times 6 = 54 \\ \square \times 9 = 54 \end{cases}$

15
$32 \div 4 = \square$
$\begin{cases} 4 \times \square = 32 \\ \square \times 4 = 32 \end{cases}$

20
$28 \div \square = 4$
$\begin{cases} \square \times 4 = 28 \\ \square \times 7 = 28 \end{cases}$

2주

스스로 평가 😄 🙂 ☹

✏️ ☐ 안에 알맞은 수를 써넣으세요.

1 $5 \times \square = 15$
$15 \div 5 = \square$
$15 \div \square = 5$

6 $9 \times \square = 27$
$27 \div 9 = \square$
$27 \div 3 = \square$

2 $5 \times \square = 35$
$35 \div 5 = \square$
$35 \div \square = 5$

7 $6 \times \square = 24$
$24 \div 6 = \square$
$24 \div 4 = \square$

3 $6 \times \square = 30$
$30 \div 6 = \square$
$30 \div \square = 6$

8 $7 \times \square = 63$
$63 \div 7 = \square$
$63 \div 9 = \square$

4 $6 \times \square = 54$
$54 \div 6 = \square$
$54 \div \square = 6$

9 $\square \times 7 = 56$
$56 \div \square = 7$
$56 \div \square = 8$

5 $7 \times \square = 21$
$21 \div 7 = \square$
$21 \div \square = 7$

10 $\square \times 2 = 18$
$18 \div \square = 2$
$18 \div \square = 9$

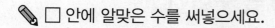

□ 안에 알맞은 수를 써넣으세요.

11

$20 \div 5 = \boxed{}$ $\begin{cases} 5 \times \boxed{} = 20 \\ \boxed{} \times 5 = 20 \end{cases}$

16

$35 \div 5 = \boxed{}$ $\begin{cases} 5 \times \boxed{} = 35 \\ 7 \times \boxed{} = 35 \end{cases}$

12

$45 \div 5 = \boxed{}$ $\begin{cases} 5 \times \boxed{} = 45 \\ \boxed{} \times 5 = 45 \end{cases}$

17

$12 \div 6 = \boxed{}$ $\begin{cases} 6 \times \boxed{} = 12 \\ 2 \times \boxed{} = 12 \end{cases}$

13

$24 \div 6 = \boxed{}$ $\begin{cases} 6 \times \boxed{} = 24 \\ \boxed{} \times 6 = 24 \end{cases}$

18

$28 \div 7 = \boxed{}$ $\begin{cases} 7 \times \boxed{} = 28 \\ 4 \times \boxed{} = 28 \end{cases}$

14

$40 \div 8 = \boxed{}$ $\begin{cases} 8 \times \boxed{} = 40 \\ \boxed{} \times 8 = 40 \end{cases}$

19

$10 \div \boxed{} = 5$ $\begin{cases} \boxed{} \times 5 = 10 \\ \boxed{} \times 2 = 10 \end{cases}$

15

$14 \div 7 = \boxed{}$ $\begin{cases} 7 \times \boxed{} = 14 \\ \boxed{} \times 7 = 14 \end{cases}$

20

$63 \div \boxed{} = 7$ $\begin{cases} \boxed{} \times 7 = 63 \\ \boxed{} \times 9 = 63 \end{cases}$

곱셈식과 나눗셈식의 관계,
곱셈식을 보고 나눗셈의 몫 구하기

도전! 15분!

✎ 곱셈식을 보고 나눗셈식으로 나타내어 보세요.

1　$2 \times 9 = 18$

6　$7 \times 4 = 28$

2　$4 \times 5 = 20$

7　$3 \times 6 = 18$

3　$3 \times 9 = 27$

8　$8 \times 5 = 40$

4　$5 \times 9 = 45$

9　$6 \times 7 = 42$

5　$8 \times 3 = 24$

10　$9 \times 6 = 54$

✏️ 나눗셈식을 보고 곱셈식으로 나타내어 보세요.

11

$36 \div 9 = 4$

12

$54 \div 6 = 9$

13

$56 \div 7 = 8$

14

$30 \div 6 = 5$

15

$28 \div 4 = 7$

16

$48 \div 8 = 6$

17

$35 \div 7 = 5$

18

$32 \div 8 = 4$

19

$21 \div 3 = 7$

20

$45 \div 9 = 5$

스스로 평가 😄 🙂 ☹️

도전! 8분!

✏️ □ 안에 알맞은 수를 써넣으세요.

1 $2 \times 3 = 6 \rightarrow 6 \div 3 = \square$

8 $6 \times 5 = 30 \rightarrow 30 \div 6 = \square$

2 $7 \times 4 = 28 \rightarrow 28 \div 4 = \square$

9 $8 \times 9 = 72 \rightarrow 72 \div 8 = \square$

3 $9 \times 6 = 54 \rightarrow 54 \div 6 = \square$

10 $2 \times 5 = 10 \rightarrow 10 \div 2 = \square$

4 $8 \times 5 = 40 \rightarrow 40 \div 5 = \square$

11 $7 \times 6 = 42 \rightarrow 42 \div 7 = \square$

5 $4 \times 7 = 28 \rightarrow 28 \div 7 = \square$

12 $3 \times 8 = 24 \rightarrow 24 \div 3 = \square$

6 $5 \times 8 = 40 \rightarrow 40 \div 8 = \square$

13 $4 \times 3 = 12 \rightarrow 12 \div 4 = \square$

7 $6 \times 9 = 54 \rightarrow 54 \div 9 = \square$

14 $5 \times 4 = 20 \rightarrow 20 \div 5 = \square$

✏️ □ 안에 알맞은 수를 써넣으세요.

15 $8 \times 7 = 56 \Rightarrow 56 \div 7 = \square$

22 $3 \times 4 = 12 \Rightarrow 12 \div 3 = \square$

16 $2 \times 7 = 14 \Rightarrow 14 \div 7 = \square$

23 $6 \times 3 = 18 \Rightarrow 18 \div 6 = \square$

17 $5 \times 6 = 30 \Rightarrow 30 \div 6 = \square$

24 $4 \times 5 = 20 \Rightarrow 20 \div 4 = \square$

18 $6 \times 7 = 42 \Rightarrow 42 \div 7 = \square$

25 $2 \times 9 = 18 \Rightarrow 18 \div 2 = \square$

19 $3 \times 6 = 18 \Rightarrow 18 \div 6 = \square$

26 $7 \times 2 = 14 \Rightarrow 14 \div 7 = \square$

20 $9 \times 4 = 36 \Rightarrow 36 \div 4 = \square$

27 $9 \times 8 = 72 \Rightarrow 72 \div 9 = \square$

21 $7 \times 8 = 56 \Rightarrow 56 \div 8 = \square$

28 $8 \times 3 = 24 \Rightarrow 24 \div 8 = \square$

도전! 8분!

✎ □ 안에 알맞은 수를 써넣으세요.

1 $7 \times 5 = 35 \Rightarrow 35 \div 5 = \square$

8 $8 \times 2 = 16 \Rightarrow 16 \div 8 = \square$

2 $9 \times 9 = 81 \Rightarrow 81 \div 9 = \square$

9 $3 \times 5 = 15 \Rightarrow 15 \div 3 = \square$

3 $6 \times 8 = 48 \Rightarrow 48 \div 8 = \square$

10 $7 \times 9 = 63 \Rightarrow 63 \div 7 = \square$

4 $5 \times 9 = 45 \Rightarrow 45 \div 9 = \square$

11 $2 \times 6 = 12 \Rightarrow 12 \div 2 = \square$

5 $3 \times 7 = 21 \Rightarrow 21 \div 7 = \square$

12 $5 \times 5 = 25 \Rightarrow 25 \div 5 = \square$

6 $8 \times 8 = 64 \Rightarrow 64 \div 8 = \square$

13 $4 \times 2 = 8 \Rightarrow 8 \div 4 = \square$

7 $4 \times 8 = 32 \Rightarrow 32 \div 8 = \square$

14 $6 \times 4 = 24 \Rightarrow 24 \div 6 = \square$

✏️ □ 안에 알맞은 수를 써넣으세요.

15 $7 \times 3 = 21 \Rightarrow 21 \div 3 = \square$

22 $7 \times 7 = 49 \Rightarrow 49 \div 7 = \square$

16 $4 \times 4 = 16 \Rightarrow 16 \div 4 = \square$

23 $2 \times 8 = 16 \Rightarrow 16 \div 2 = \square$

17 $6 \times 6 = 36 \Rightarrow 36 \div 6 = \square$

24 $5 \times 3 = 15 \Rightarrow 15 \div 5 = \square$

18 $9 \times 5 = 45 \Rightarrow 45 \div 5 = \square$

25 $6 \times 2 = 12 \Rightarrow 12 \div 6 = \square$

19 $8 \times 4 = 32 \Rightarrow 32 \div 4 = \square$

26 $3 \times 9 = 27 \Rightarrow 27 \div 3 = \square$

20 $3 \times 3 = 9 \Rightarrow 9 \div 3 = \square$

27 $4 \times 6 = 24 \Rightarrow 24 \div 4 = \square$

21 $5 \times 7 = 35 \Rightarrow 35 \div 7 = \square$

28 $9 \times 7 = 63 \Rightarrow 63 \div 9 = \square$

스스로 평가 😄 🙂 😖

✏️ 친구들이 공책에 곱셈식을 나눗셈식으로 나타내었어요. 바르게 나타낸 것에는 ○표, 잘못 나타낸 것에는 ×표 하세요.

$$5 \times 8 = 40$$
$$40 \div 5 = 8$$
$$40 \div 8 = 5$$

(   )

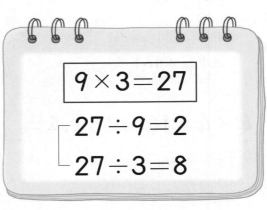

$$9 \times 3 = 27$$
$$27 \div 9 = 2$$
$$27 \div 3 = 8$$

(   )

$$7 \times 4 = 28$$
$$28 \div 7 = 3$$
$$28 \div 8 = 4$$

(   )

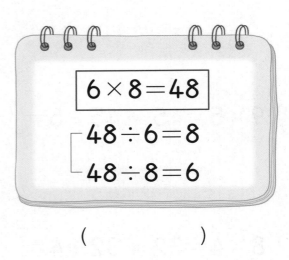

$$6 \times 8 = 48$$
$$48 \div 6 = 8$$
$$48 \div 8 = 6$$

(   )

$$8 \times 2 = 16$$
$$8 \div 2 = 4$$
$$8 \div 4 = 2$$

(   )

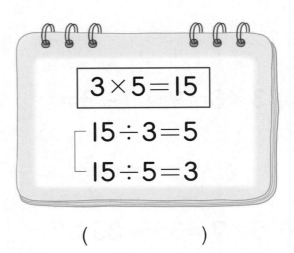

$$3 \times 5 = 15$$
$$15 \div 3 = 5$$
$$15 \div 5 = 3$$

(   )

곱셈식을 이용하여 나눗셈식의 몫을 구하려고 해요. 관계있는 것끼리 선으로 이어 보고 몫을 써넣으세요.

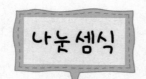 **나눗셈식**

 **곱셈식**　　**몫**

$28 \div 7 = \square$ •

• $8 \times 7 = 56$ →

$30 \div 6 = \square$ •

• $4 \times 9 = 36$ →

$56 \div 8 = \square$ •

• $7 \times 4 = 28$ →

$36 \div 4 = \square$ •

• $6 \times 5 = 30$ →

31

곱셈구구로 나눗셈의 몫 구하기

✅ 은주는 꽃 가게에서 엄마와 함께 장미 20송이를 꽃병 4개에 똑같이 나누어 꽂으려고 해요. 꽃병 한 개에 꽂을 수 있는 장미는 몇 송이인가요?

• 꽃병 한 개에 꽂을 수 있는 장미는 몇 송이인지 구하려면 다음 나눗셈의 몫을 구하면 돼요.

$$20 \div \boxed{4} = \boxed{}$$

나누는 수인 4의 단 곱셈구구에서 20이 되는 곱셈구구를 찾으면
$4 \times 5 = 20$이에요.

$$4 \times 5 = 20 \implies 20 \div 4 = \boxed{5}$$

몫

$20 \div 4 = 5$이므로 꽃병 한 개에 꽂을 수 있는 장미는 5송이예요.

✅ **곱셈구구로 나눗셈의 몫 구하기**

· 21÷3의 몫 구하기

  3의 단 곱셈구구에서 곱이 21이 되는 것을 찾으면 3×7＝21이에요.

  ➡ 21÷3의 몫은 7이에요.

· 30÷6의 몫 구하기

  6의 단 곱셈구구에서 곱이 30이 되는 것을 찾으면 6×5＝30이에요.

  ➡ 30÷6의 몫은 5예요.

> 나누는 수의 곱셈구구에서 나누어지는 수가 나오는 것을 찾아요.

✅ **나눗셈식에서 □ 안에 알맞은 수 구하기**

· 18÷□＝3에서 □ 안에 알맞은 수 구하기

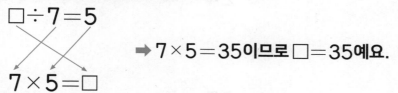

  18÷□＝3

  3×□＝18

  ➡ 3×6＝18이므로 □＝6이에요.

· □÷7＝5에서 □ 안에 알맞은 수 구하기

  □÷7＝5

  7×5＝□

  ➡ 7×5＝35이므로 □＝35예요.

📒 **개념 쏙쏙 노트**

· 곱셈구구로 나눗셈의 몫 구하기

  ●÷■의 몫은 ■의 단 곱셈구구에서 ●가 되는 것을 찾으면

  ■×▲＝●이고 몫은 ▲입니다.

· 나눗셈식에서 □ 안에 알맞은 수 구하기

  나눗셈식을 곱셈식으로 나타내면 나눗셈식에서 □ 안에 알맞은 수를 구할 수 있습니다.

곱셈구구로 나눗셈의 몫 구하기

✏ 계산해 보세요.

1 4÷2

2 6÷3

3 36÷4

4 8÷2

5 9÷3

6 10÷5

7 12÷4

8 14÷2

9 16÷4

10 18÷3

11 20÷5

12 21÷7

13 24÷4

14 25÷5

15 27÷3

16 28÷7

17 36÷9

18 40÷5

19 42÷6

20 45÷9

21 48÷8

22 54÷6

23 56÷8

24 63÷7

✏️ 계산해 보세요.

25 $8 \div 2$

26 $10 \div 2$

27 $12 \div 2$

28 $14 \div 2$

29 $15 \div 3$

30 $16 \div 4$

31 $18 \div 9$

32 $20 \div 4$

33 $24 \div 8$

34 $25 \div 5$

35 $27 \div 3$

36 $30 \div 5$

37 $32 \div 4$

38 $35 \div 7$

39 $36 \div 6$

40 $36 \div 9$

41 $45 \div 5$

42 $48 \div 8$

43 $49 \div 7$

44 $54 \div 6$

45 $56 \div 8$

46 $63 \div 9$

47 $72 \div 9$

48 $81 \div 9$

✏️ 계산해 보세요.

1 14÷7

2 18÷2

3 24÷6

4 28÷4

5 35÷7

6 45÷9

7 54÷9

8 64÷8

9 15÷3

10 20÷5

11 25÷5

12 30÷5

13 36÷4

14 48÷8

15 56÷8

16 72÷9

17 16÷2

18 21÷7

19 27÷3

20 32÷4

21 42÷6

22 49÷7

23 63÷7

24 81÷9

✏ 계산해 보세요.

25 $6 \div 2$

26 $10 \div 5$

27 $15 \div 3$

28 $20 \div 4$

29 $25 \div 5$

30 $30 \div 5$

31 $36 \div 4$

32 $45 \div 9$

33 $8 \div 4$

34 $12 \div 3$

35 $16 \div 2$

36 $21 \div 7$

37 $27 \div 9$

38 $32 \div 8$

39 $40 \div 8$

40 $48 \div 8$

41 $9 \div 3$

42 $14 \div 7$

43 $18 \div 2$

44 $24 \div 4$

45 $28 \div 7$

46 $35 \div 5$

47 $42 \div 6$

48 $49 \div 7$

✏️ □ 안에 알맞은 수를 써넣으세요.

1 $18 \div \boxed{} = 3$

2 $\boxed{} \div 8 = 6$

3 $24 \div \boxed{} = 6$

4 $\boxed{} \div 5 = 5$

5 $14 \div \boxed{} = 7$

6 $\boxed{} \div 7 = 5$

7 $30 \div \boxed{} = 5$

8 $\boxed{} \div 3 = 9$

9 $54 \div \boxed{} = 9$

10 $\boxed{} \div 2 = 8$

11 $15 \div \boxed{} = 5$

12 $\boxed{} \div 7 = 6$

13 $45 \div \boxed{} = 9$

14 $\boxed{} \div 8 = 3$

15 $18 \div \boxed{} = 9$

16 $\boxed{} \div 4 = 7$

17 $24 \div \boxed{} = 8$

18 $\boxed{} \div 5 = 6$

19 $48 \div \boxed{} = 8$

20 $\boxed{} \div 2 = 4$

21 $24 \div \boxed{} = 4$

22 $\boxed{} \div 4 = 5$

23 $18 \div \boxed{} = 6$

24 $\boxed{} \div 5 = 3$

✏️ □ 안에 알맞은 수를 써넣으세요.

25 $32 \div \boxed{} = 8$

26 $\boxed{} \div 7 = 3$

27 $12 \div \boxed{} = 4$

28 $\boxed{} \div 7 = 8$

29 $12 \div \boxed{} = 6$

30 $\boxed{} \div 6 = 6$

31 $64 \div \boxed{} = 8$

32 $\boxed{} \div 5 = 8$

33 $16 \div \boxed{} = 4$

34 $\boxed{} \div 2 = 3$

35 $56 \div \boxed{} = 7$

36 $\boxed{} \div 5 = 4$

37 $21 \div \boxed{} = 7$

38 $\boxed{} \div 7 = 9$

39 $35 \div \boxed{} = 7$

40 $\boxed{} \div 8 = 5$

41 $42 \div \boxed{} = 7$

42 $\boxed{} \div 4 = 9$

43 $32 \div \boxed{} = 4$

44 $\boxed{} \div 3 = 3$

45 $28 \div \boxed{} = 4$

46 $\boxed{} \div 2 = 5$

47 $12 \div \boxed{} = 3$

48 $\boxed{} \div 7 = 7$

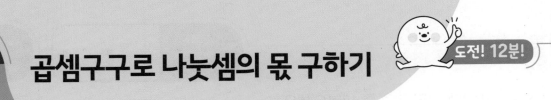
곱셈구구로 나눗셈의 몫 구하기

✏️ □ 안에 알맞은 수를 써넣으세요.

1 $24 \div \square = 3$

2 $\square \div 6 = 8$

3 $63 \div \square = 7$

4 $\square \div 6 = 7$

5 $20 \div \square = 4$

6 $\square \div 6 = 4$

7 $36 \div \square = 9$

8 $\square \div 4 = 3$

9 $35 \div \square = 5$

10 $\square \div 9 = 8$

11 $49 \div \square = 7$

12 $\square \div 6 = 3$

13 $9 \div \square = 3$

14 $\square \div 9 = 4$

15 $48 \div \square = 6$

16 $\square \div 3 = 6$

17 $36 \div \square = 6$

18 $\square \div 4 = 6$

19 $40 \div \square = 8$

20 $\square \div 9 = 3$

21 $25 \div \square = 5$

22 $\square \div 2 = 6$

23 $30 \div \square = 6$

24 $\square \div 8 = 8$

✏️ □ 안에 알맞은 수를 써넣으세요.

25　$10 \div \square = 5$　　33　$20 \div \square = 5$　　41　$63 \div \square = 9$

26　$\square \div 8 = 7$　　34　$\square \div 9 = 5$　　42　$\square \div 3 = 5$

27　$81 \div \square = 9$　　35　$27 \div \square = 9$　　43　$28 \div \square = 7$

28　$\square \div 3 = 8$　　36　$\square \div 6 = 9$　　44　$\square \div 4 = 8$

29　$56 \div \square = 8$　　37　$42 \div \square = 6$　　45　$72 \div \square = 9$

30　$\square \div 2 = 7$　　38　$\square \div 7 = 4$　　46　$\square \div 5 = 9$

31　$54 \div \square = 6$　　39　$21 \div \square = 3$　　47　$16 \div \square = 8$

32　$\square \div 2 = 9$　　40　$\square \div 6 = 5$　　48　$\square \div 5 = 7$

스스로 평가 😆 🙂 😞

✏️ 빈 곳에 알맞은 수를 써넣으세요.

1 24 ÷8 →

6 63 ÷9 →

2 42 ÷6 →

7 28 ÷4 →

3 72 ÷8 →

8 18 ÷3 →

4 16 ÷4 →

9 32 ÷8 →

5 49 ÷7 →

10 45 ÷5 →

✏️ □ 안에 알맞은 수를 써넣으세요.

11 [ ] → ÷3 → 5

16 [ ] → ÷4 → 6

12 36 → ÷□ → 4

17 64 → ÷8 → [ ]

13 35 → ÷□ → 7

18 [ ] → ÷2 → 8

14 [ ] → ÷9 → 3

19 21 → ÷□ → 7

15 56 → ÷□ → 8

20 36 → ÷6 → [ ]

✏️ 몫이 같은 나눗셈식을 선으로 이어 길을 가 보세요.

도착

21÷3	10÷2	16÷8	49÷7	48÷8
28÷7	25÷5	36÷6	54÷9	30÷5
40÷8	36÷9	24÷4	9÷3	18÷2
30÷5	42÷7	12÷2	56÷7	27÷9
18÷3	36÷4	24÷3	14÷2	45÷5

출발

✏️ 큰 수를 작은 수로 나누었을 때 몫이 주어진 수가 되도록 선으로 연결해 보세요.

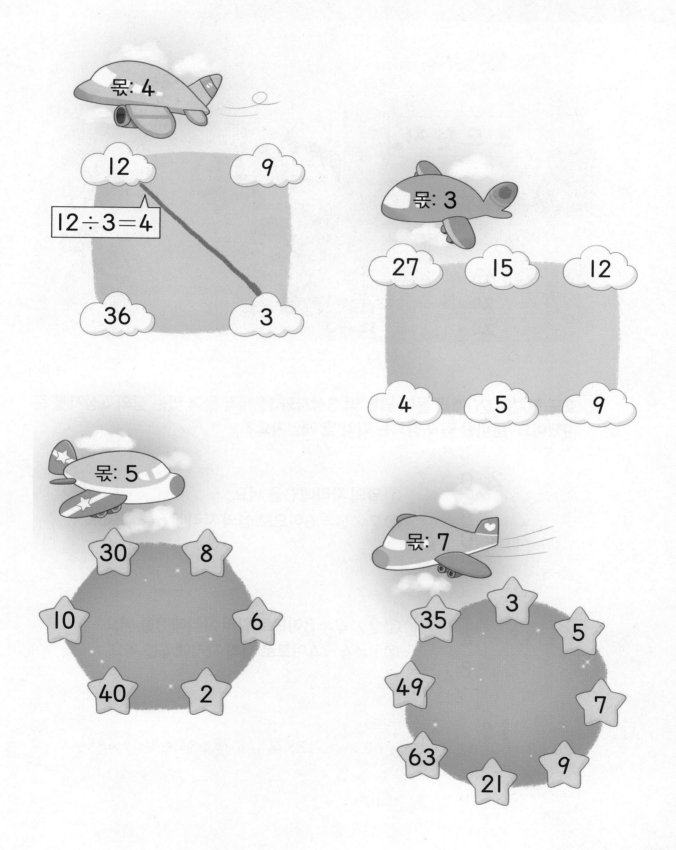

몫: 4

12   9

$12 \div 3 = 4$

36   3

몫: 3

27   15   12

4   5   9

몫: 5

30   8

10   6

40   2

몫: 7

3

35   5

49   7

63   9

21

(몇십) × (몇), 올림이 없는 (두 자리 수) × (한 자리 수)

☑ 효도 잔치에 20개씩 들어 있는 떡 3상자와 12개씩 들어 있는 참외 4상자를 준비했어요. 준비한 떡과 참외는 각각 몇 개인가요?

$$
\begin{array}{r}
2\ 0 \\
\times\quad 3 \\
\hline
6\ 0
\end{array}
$$

① 일의 자리에 0을 써요.
② 2×3＝6이므로 십의 자리에 6을 써요.

$$
\begin{array}{r}
1\ 2 \\
\times\quad 4 \\
\hline
4\ 8
\end{array}
$$

① 2×4＝8이므로 일의 자리에 8을 써요.
② 1×4＝4이므로 십의 자리에 4를 써요.

20×3＝60이므로 준비한 떡은 60개이고, 12×4＝48이므로 준비한 참외는 48개예요.

✅ (몇십)×(몇) 구하기

$2×4=8$

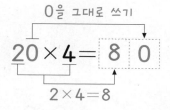

일의 자리에 0을 쓰고, 십의 자리 수와의 곱은 십의 자리에 써요.

✅ 올림이 없는 (두 자리 수)×(한 자리 수) 구하기

$1×2=2$

일의 자리 수와의 곱은 일의 자리에, 십의 자리 수와의 곱은 십의 자리에 써요.

📓 개념 쏙쏙 노트

- (몇십)×(몇)
  (몇)×(몇)의 곱 뒤에 0을 1개 씁니다.
- 올림이 없는 (두 자리 수)×(한 자리 수)
  ① 일의 자리 수와의 곱은 일의 자리에 씁니다.
  ② 십의 자리 수와의 곱은 십의 자리에 씁니다.

도전! 10분!

✏️ 계산해 보세요.

1
```
    1 0
×     4
```

6
```
    1 1
×     7
```

11
```
    1 0
×     3
```

16
```
    2 3
×     2
```

2
```
    1 1
×     4
```

7
```
    3 3
×     2
```

12
```
    1 3
×     2
```

17
```
    2 1
×     3
```

3
```
    3 1
×     3
```

8
```
    2 0
×     2
```

13
```
    1 1
×     6
```

18
```
    3 0
×     2
```

4
```
    2 1
×     2
```

9
```
    2 3
×     3
```

14
```
    2 4
×     2
```

19
```
    1 4
×     2
```

5
```
    4 1
×     2
```

10
```
    3 4
×     2
```

15
```
    2 0
×     4
```

20
```
    3 3
×     3
```

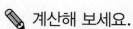 계산해 보세요.

21
$$\begin{array}{r} 3\,2 \\ \times3 \\ \hline \end{array}$$

22
$$\begin{array}{r} 2\,0 \\ \times3 \\ \hline \end{array}$$

23
$$\begin{array}{r} 1\,1 \\ \times5 \\ \hline \end{array}$$

24
$$\begin{array}{r} 2\,2 \\ \times4 \\ \hline \end{array}$$

25
$$\begin{array}{r} 1\,0 \\ \times5 \\ \hline \end{array}$$

26
$$\begin{array}{r} 1\,3 \\ \times3 \\ \hline \end{array}$$

27
$$\begin{array}{r} 2\,1 \\ \times4 \\ \hline \end{array}$$

28
$$\begin{array}{r} 1\,1 \\ \times8 \\ \hline \end{array}$$

29
$$\begin{array}{r} 1\,2 \\ \times3 \\ \hline \end{array}$$

30
$$\begin{array}{r} 4\,2 \\ \times2 \\ \hline \end{array}$$

31
$$\begin{array}{r} 1\,1 \\ \times9 \\ \hline \end{array}$$

32
$$\begin{array}{r} 1\,0 \\ \times7 \\ \hline \end{array}$$

33
$$\begin{array}{r} 3\,2 \\ \times2 \\ \hline \end{array}$$

34
$$\begin{array}{r} 1\,0 \\ \times6 \\ \hline \end{array}$$

35
$$\begin{array}{r} 3\,1 \\ \times2 \\ \hline \end{array}$$

36
$$\begin{array}{r} 2\,2 \\ \times3 \\ \hline \end{array}$$

37
$$\begin{array}{r} 1\,2 \\ \times4 \\ \hline \end{array}$$

38
$$\begin{array}{r} 1\,2 \\ \times2 \\ \hline \end{array}$$

4주

✏️ 계산해 보세요.

1
```
    1 0
×     5
```

6
```
    2 1
×     2
```

11
```
    3 3
×     3
```

16
```
    1 3
×     2
```

2
```
    2 0
×     3
```

7
```
    4 1
×     2
```

12
```
    1 2
×     3
```

17
```
    3 2
×     2
```

3
```
    3 2
×     3
```

8
```
    1 1
×     6
```

13
```
    2 2
×     2
```

18
```
    2 4
×     2
```

4
```
    1 3
×     3
```

9
```
    3 4
×     2
```

14
```
    1 4
×     2
```

19
```
    3 1
×     2
```

5
```
    2 3
×     3
```

10
```
    2 1
×     4
```

15
```
    3 0
×     3
```

20
```
    2 2
×     3
```

✏️ 계산해 보세요.

21
```
    2 2
  ×   4
```

22
```
    1 2
  ×   4
```

23
```
    3 3
  ×   2
```

24
```
    1 0
  ×   4
```

25
```
    4 3
  ×   2
```

26
```
    1 0
  ×   7
```

27
```
    3 0
  ×   2
```

28
```
    2 1
  ×   3
```

29
```
    1 0
  ×   8
```

30
```
    4 4
  ×   2
```

31
```
    4 0
  ×   2
```

32
```
    1 1
  ×   9
```

33
```
    1 2
  ×   2
```

34
```
    4 2
  ×   2
```

35
```
    1 1
  ×   7
```

36
```
    2 3
  ×   2
```

37
```
    3 1
  ×   3
```

38
```
    2 0
  ×   4
```

4
주

✏️ 계산해 보세요.

십의 자리   일의 자리

1 $10 \times 8 =$ ☐☐

2 $10 \times 6 =$ ☐☐

3 $11 \times 2 =$ ☐☐

4 $11 \times 6 =$ ☐☐

5 $12 \times 2 =$ ☐☐

6 $12 \times 3 =$ ☐☐

7 $12 \times 4 =$ ☐☐

8 $13 \times 3 =$ ☐☐

9 $14 \times 2 =$ ☐☐

10 $20 \times 3 =$ ☐☐

11 $20 \times 4 =$ ☐☐

12 $21 \times 2 =$ ☐☐

13 $21 \times 3 =$ ☐☐

14 $21 \times 4 =$ ☐☐

15 $22 \times 3 =$ ☐☐

16 $23 \times 3 =$ ☐☐

17 $30 \times 2 =$ ☐☐

18 $30 \times 3 =$ ☐☐

19 $31 \times 2 =$ ☐☐

20 $32 \times 2 =$ ☐☐

21 $32 \times 3 =$ ☐☐

✏️ 계산해 보세요.

22 10 × 7

29 22 × 2

36 13 × 2

23 43 × 2

30 10 × 8

37 33 × 3

24 11 × 4

31 22 × 4

38 11 × 5

25 33 × 2

32 11 × 7

39 31 × 3

26 40 × 2

33 20 × 2

40 34 × 2

27 11 × 3

34 10 × 9

41 42 × 2

28 41 × 2

35 32 × 2

42 23 × 2

✏️ 계산해 보세요.

1 $10 \times 3 =$ ▭

2 $10 \times 5 =$ ▭

3 $11 \times 2 =$ ▭

4 $12 \times 3 =$ ▭

5 $12 \times 4 =$ ▭

6 $13 \times 2 =$ ▭

7 $13 \times 3 =$ ▭

8 $20 \times 3 =$ ▭

9 $20 \times 4 =$ ▭

10 $21 \times 3 =$ ▭

11 $21 \times 4 =$ ▭

12 $22 \times 2 =$ ▭

13 $22 \times 4 =$ ▭

14 $23 \times 2 =$ ▭

15 $24 \times 2 =$ ▭

16 $30 \times 3 =$ ▭

17 $31 \times 2 =$ ▭

18 $32 \times 3 =$ ▭

19 $33 \times 3 =$ ▭

20 $41 \times 2 =$ ▭

21 $43 \times 2 =$ ▭

✏️ 계산해 보세요.

22 11×5

23 42×2

24 10×9

25 11×8

26 31×3

27 10×2

28 22×3

29 14×2

30 11×4

31 12×2

32 20×3

33 10×6

34 40×2

35 11×9

36 21×2

37 20×2

38 10×7

39 33×2

40 30×2

41 13×3

42 23×3

스스로 평가 😄 🙂 ☹️

✏️ 빈 곳에 알맞은 수를 써넣으세요.

1 | 30 | ×3 | |

7 | 12 | ×3 | |

2 | 22 | ×2 | |

8 | 21 | ×4 | |

3 | 10 | ×6 | |

9 | 33 | ×2 | |

4 | 32 | ×3 | |

10 | 20 | ×3 | |

5 | 24 | ×2 | |

11 | 12 | ×4 | |

6 | 11 | ×7 | |

12 | 13 | ×3 | |

✏️ 빈 곳에 알맞은 수를 써넣으세요.

13
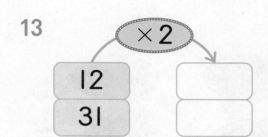

17
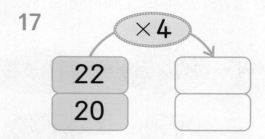

14
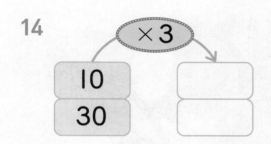

18
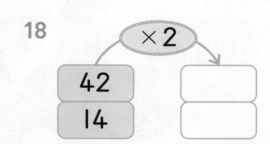

15
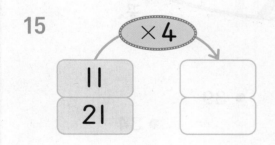

19
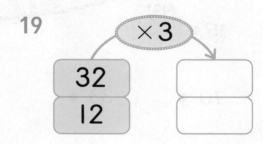

16
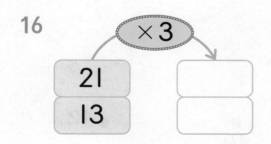

20
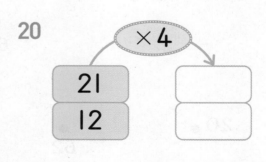

✏️ 계산 결과의 순서대로 점을 이어 보세요.

시작 → 10×5 → 11×3 → 12×4 → 31×2

→ 20×2 → 41×2 → 13×3 → 30×3 끝

50 시작   90 끝

15 •

70 •   33 •   • 39

                   • 34

36 •   48 •   • 82   • 80

                 •
                 60

20 •   •   •   •42

        62   40

✏️ 주영이와 소현이의 대화를 보고 ☐ 안에 알맞은 수를 써넣으세요.

주영이: 소현아! 오늘 딸기 농장에 잘 다녀왔어?

소현이: 응! 농장에서 딸기를 20개씩 2상자 땄어!

주영이: 우아! 그럼 ☐ 개 딴 거네!

소현이: 내일 학교에 가지고 갈게!
미술 시간 준비물 색종이는 샀어?

주영이: 응! 문구점에 가서 22장씩 4묶음 샀어.

소현이: 그럼 ☐ 장 산 거네! 나는 아직 못 샀어.

주영이: 걱정 마! 내가 나누어 줄게!

✅ 각 반에서 13명씩 뽑아 줄다리기를 하려고 해요. 4개 반에서 줄다리기를 하는 학생은 모두 몇 명인가요?

$$
\begin{array}{r}
1\ 3 \\
\times\quad 4 \\
\hline
1\ 2 \\
4\ 0 \\
\hline
5\ 2 \\
\end{array}
$$

- 1 2 ← 3×4=12
- 4 0 ← 10×4=40
- 5 2 ← 12+40=52

① 일의 자리 계산은 3×4=12이므로 12를 써요.
② 십의 자리 계산은 10×4=40이므로 40을 써요.
③ 12+40=52이므로 맨 아래에 52를 써요.

> 13×4=52이므로 줄다리기를 하는 학생은 모두 52명이에요.

학습계획

일차	1일 학습	2일 학습	3일 학습	4일 학습	5일 학습
공부할 날	월 일	월 일	월 일	월 일	월 일

● 십의 자리에서 올림이 있는 (두 자리 수)×(한 자리 수) 구하기

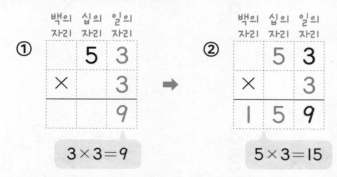

① 일의 자리 계산은 $3 \times 3 = 9$이므로 일의 자리에 9를 써요.

② 십의 자리 계산은 $5 \times 3 = 15$이므로 백의 자리에 1을 쓰고 십의 자리에 5를 써요.

● 일의 자리에서 올림이 있는 (두 자리 수)×(한 자리 수) 구하기

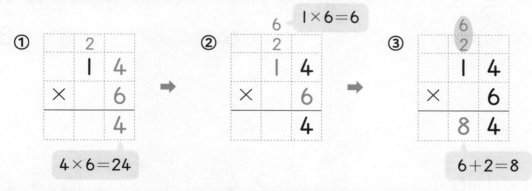

① 일의 자리 계산은 $4 \times 6 = 24$이므로 십의 자리 위에 2를 작게 쓰고 일의 자리에 4를 써요.

② 십의 자리 계산은 $1 \times 6 = 6$이므로 십의 자리 위에 6을 작게 써요.

③ ②에서 계산한 6과 일의 자리에서 올림한 2를 더하면 $6 + 2 = 8$이므로 십의 자리에 8을 써요.

📒 개념 쏙쏙 노트

• 십의 자리에서 올림이 있는 (두 자리 수)×(한 자리 수)
  십의 자리 계산에서 올림한 수는 백의 자리에 씁니다.
• 일의 자리에서 올림이 있는 (두 자리 수)×(한 자리 수)
  일의 자리 계산에서 올림한 수는 십의 자리의 계산에 더합니다.

십의 자리, 일의 자리에서 올림이 있는 (두 자리 수) × (한 자리 수)

 도전! 10분!

✏️ 계산해 보세요.

1
```
    2 1
×     6
```

6
```
    4 2
×     3
```

11
```
    5 1
×     7
```

2
```
    3 1
×     5
```

7
```
    5 3
×     3
```

12
```
    2 1
×     8
```

3
```
    5 2
×     4
```

8
```
    4 1
×     6
```

13
```
    7 2
×     3
```

4
```
    1 6
×     6
```

9
```
    2 4
×     4
```

14
```
    4 8
×     2
```

5
```
    1 5
×     4
```

10
```
    2 6
×     2
```

15
```
    3 6
×     2
```

✏️ 계산해 보세요.

16
$$\begin{array}{r} 9\,2 \\ \times \quad 4 \\ \hline \end{array}$$

22
$$\begin{array}{r} 2\,0 \\ \times \quad 6 \\ \hline \end{array}$$

28
$$\begin{array}{r} 1\,9 \\ \times \quad 3 \\ \hline \end{array}$$

17
$$\begin{array}{r} 3\,2 \\ \times \quad 4 \\ \hline \end{array}$$

23
$$\begin{array}{r} 1\,2 \\ \times \quad 5 \\ \hline \end{array}$$

29
$$\begin{array}{r} 5\,2 \\ \times \quad 4 \\ \hline \end{array}$$

18
$$\begin{array}{r} 2\,7 \\ \times \quad 3 \\ \hline \end{array}$$

24
$$\begin{array}{r} 3\,8 \\ \times \quad 2 \\ \hline \end{array}$$

30
$$\begin{array}{r} 1\,4 \\ \times \quad 5 \\ \hline \end{array}$$

19
$$\begin{array}{r} 1\,6 \\ \times \quad 2 \\ \hline \end{array}$$

25
$$\begin{array}{r} 2\,4 \\ \times \quad 3 \\ \hline \end{array}$$

31
$$\begin{array}{r} 6\,2 \\ \times \quad 4 \\ \hline \end{array}$$

20
$$\begin{array}{r} 2\,8 \\ \times \quad 3 \\ \hline \end{array}$$

26
$$\begin{array}{r} 1\,3 \\ \times \quad 6 \\ \hline \end{array}$$

32
$$\begin{array}{r} 1\,7 \\ \times \quad 5 \\ \hline \end{array}$$

21
$$\begin{array}{r} 4\,8 \\ \times \quad 2 \\ \hline \end{array}$$

27
$$\begin{array}{r} 7\,1 \\ \times \quad 7 \\ \hline \end{array}$$

33
$$\begin{array}{r} 8\,2 \\ \times \quad 4 \\ \hline \end{array}$$

5주

스스로 평가 😆 🙂 😞

도전! 10분!

✏️ 계산해 보세요.

1
```
    8 3
×     3
```

2
```
    6 3
×     3
```

3
```
    1 2
×     6
```

4
```
    2 5
×     2
```

5
```
    4 8
×     2
```

6
```
    6 2
×     4
```

7
```
    6 1
×     2
```

8
```
    4 7
×     2
```

9
```
    3 7
×     2
```

10
```
    1 4
×     7
```

11
```
    5 4
×     2
```

12
```
    3 2
×     4
```

13
```
    3 8
×     2
```

14
```
    1 3
×     6
```

15
```
    4 6
×     2
```

✏ 계산해 보세요.

16
```
   3 0
×    7
```

22
```
   1 4
×    6
```

28
```
   7 3
×    3
```

17
```
   1 6
×    4
```

23
```
   4 9
×    2
```

29
```
   1 2
×    7
```

18
```
   2 1
×    7
```

24
```
   8 2
×    3
```

30
```
   4 1
×    4
```

19
```
   1 9
×    5
```

25
```
   1 3
×    5
```

31
```
   9 4
×    2
```

20
```
   2 6
×    3
```

26
```
   7 1
×    6
```

32
```
   1 7
×    4
```

21
```
   8 1
×    2
```

27
```
   1 5
×    4
```

33
```
   9 2
×    4
```

스스로 평가 😄 🙂 ☹

도전! 12분!

✏️ 계산해 보세요.

1 31 × 6

2 92 × 4

3 62 × 3

4 16 × 4

5 12 × 5

6 73 × 3

7 81 × 4

8 41 × 7

9 26 × 3

10 37 × 2

11 91 × 3

12 42 × 4

13 74 × 2

14 45 × 2

15 17 × 4

✏ 계산해 보세요.

16 71 × 3

17 18 × 3

18 39 × 2

19 61 × 9

20 70 × 4

21 81 × 3

22 14 × 4

23 16 × 5

24 28 × 2

25 51 × 8

26 13 × 4

27 29 × 3

28 15 × 3

29 73 × 2

30 53 × 3

31 36 × 2

32 12 × 6

33 21 × 8

34 18 × 2

35 72 × 4

36 19 × 4

✏️ 계산해 보세요.

1 84 × 2

6 74 × 2

11 83 × 3

2 21 × 9

7 73 × 3

12 41 × 9

3 14 × 6

8 49 × 2

13 28 × 3

4 12 × 7

9 29 × 3

14 15 × 5

5 24 × 3

10 17 × 4

15 47 × 2

✏️ 계산해 보세요.

16 45×2

17 13×7

18 52×3

19 18×5

20 93×3

21 12×8

22 28×3

23 16×3

24 31×4

25 63×3

26 14×3

27 27×2

28 82×2

29 18×4

30 25×2

31 35×2

32 23×4

33 72×3

34 42×4

35 15×6

36 81×5

스스로 평가

✏️ 빈 곳에 알맞은 수를 써넣으세요.

1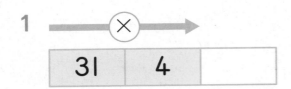

6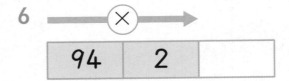

2

7

3

8

4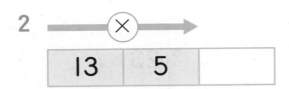

9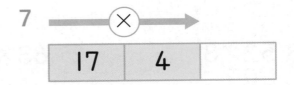

5

10

빈 곳에 두 수의 곱을 써넣으세요.

11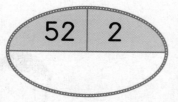

12

13

14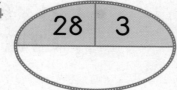

15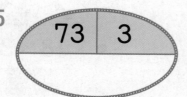

16

17

18

19

20

스스로 평가

✏️ 계산 결과가 같은 친구끼리 선으로 이어 보세요.

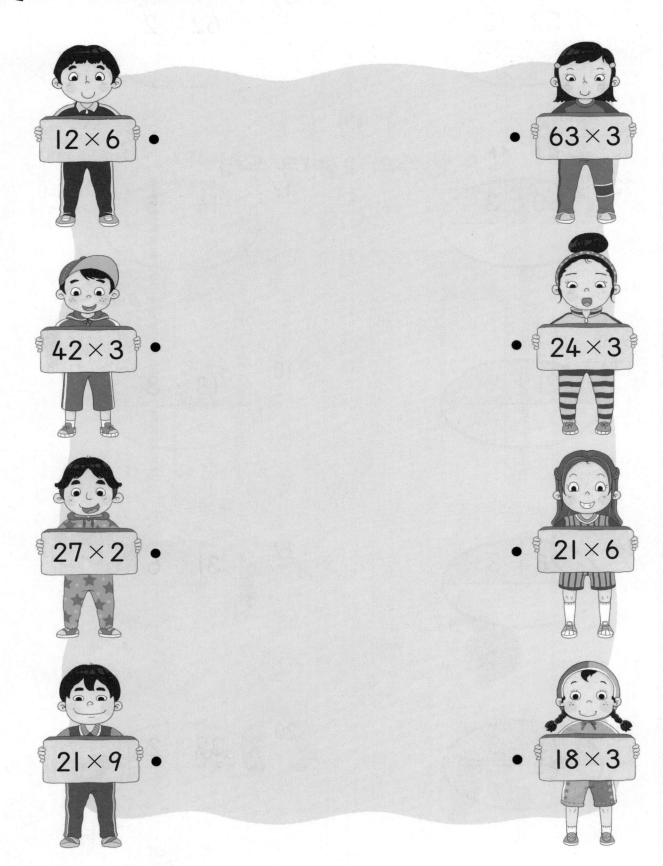

12 × 6

63 × 3

42 × 3

24 × 3

27 × 2

21 × 6

21 × 9

18 × 3

사탕을 수호는 26개, 정민이는 35개, 은아는 18개를 샀어요. 친구들이 각각 받는 사탕은 몇 개인지 말풍선 안에 써넣으세요.

올림이 2번 있는 (두 자리 수) × (한 자리 수)

✅ 지현이네 가족은 과수원에서 사과를 한 상자에 34개씩 4상자 땄어요. 지현이네 가족이 딴 사과는 모두 몇 개인가요?

$$
\begin{array}{r}
3\ 4 \\
\times \quad 4 \\
\hline
1\ 6 \\
1\ 2\ 0 \\
\hline
1\ 3\ 6
\end{array}
$$

- $4 \times 4 = 16$
- $30 \times 4 = 120$
- $16 + 120 = 136$

① 일의 자리 계산은 $4 \times 4 = 16$이므로 16을 써요.
② 십의 자리 계산은 $30 \times 4 = 120$이므로 120을 써요.
③ $16 + 120 = 136$이므로 맨 아래에 136을 써요.

$34 \times 4 = 136$이므로 지현이네 가족이 딴 사과는 모두 136개예요.

✅ **세로셈**

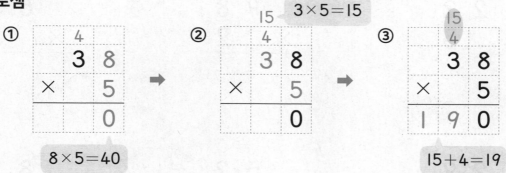

① 일의 자리 계산은 $8 \times 5 = 40$이므로 십의 자리 위에 4를 작게 쓰고 일의 자리에 0을 써요.

② 십의 자리 계산은 $3 \times 5 = 15$이므로 십의 자리 위에 15를 작게 써요.

③ ②에서 계산한 15와 일의 자리에서 올림한 4를 더하면 $15 + 4 = 19$이므로 백의 자리에 1, 십의 자리에 9를 써요.

✅ **가로셈**

$46 \times 4 = 184$

```
  16
   2
   4 6
 ×   4
 1 8 4
```

주의
```
   2
   5 4
 ×   6
 3 0 4  (×)
```

십의 자리의 곱과 일의 자리의 곱에서 올림한 것을 더하지 않아 틀렸어요. 올림한 것을 십의 자리 위에 쓰고 꼭 더해요.

📓 **개념 쏙쏙 노트**

• 일의 자리와 십의 자리에서 올림이 있는 (두 자리 수)×(한 자리 수)
  일의 자리에서 올림한 수는 십의 자리 계산에 더하고, 십의 자리에서 올림한 수는 백의 자리에 씁니다.

✏️ 계산해 보세요.

1

```
    2 2
×     5
```

2

```
    2 9
×     4
```

3

```
    3 9
×     8
```

4

```
    5 5
×     3
```

5

```
    4 7
×     3
```

6

```
    9 8
×     2
```

7

```
    5 2
×     6
```

8

```
    7 5
×     3
```

9

```
    3 8
×     4
```

10

```
    6 5
×     6
```

11

```
    6 3
×     5
```

12

```
    8 5
×     2
```

13

```
    2 7
×     7
```

14

```
    7 8
×     8
```

15

```
    5 4
×     9
```

✏️ 계산해 보세요.

16
```
  6 5
×   2
```

17
```
  7 9
×   6
```

18
```
  9 7
×   2
```

19
```
  7 3
×   4
```

20
```
  3 7
×   9
```

21
```
  4 5
×   9
```

22
```
  4 6
×   4
```

23
```
  7 5
×   7
```

24
```
  3 5
×   5
```

25
```
  9 3
×   5
```

26
```
  2 6
×   8
```

27
```
  6 7
×   4
```

28
```
  7 2
×   6
```

29
```
  2 5
×   6
```

30
```
  5 6
×   4
```

31
```
  4 8
×   8
```

32
```
  8 8
×   2
```

33
```
  3 3
×   8
```

6
주

스스로
평가   😄 🙂 ☹️

도전! 10분!

✎ 계산해 보세요.

1
```
    3 3
  ×   5
```

2
```
    5 6
  ×   2
```

3
```
    7 3
  ×   4
```

4
```
    4 2
  ×   6
```

5
```
    5 7
  ×   3
```

6
```
    4 6
  ×   7
```

7
```
    2 3
  ×   8
```

8
```
    8 3
  ×   5
```

9
```
    4 5
  ×   4
```

10
```
    6 6
  ×   3
```

11
```
    6 5
  ×   2
```

12
```
    7 6
  ×   6
```

13
```
    3 4
  ×   9
```

14
```
    2 6
  ×   4
```

15
```
    9 4
  ×   9
```

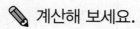 계산해 보세요.

16
$$
\begin{array}{r}
3\ 7 \\
\times\quad 3 \\
\hline
\end{array}
$$

22
$$
\begin{array}{r}
5\ 3 \\
\times\quad 4 \\
\hline
\end{array}
$$

28
$$
\begin{array}{r}
7\ 4 \\
\times\quad 5 \\
\hline
\end{array}
$$

17
$$
\begin{array}{r}
9\ 4 \\
\times\quad 7 \\
\hline
\end{array}
$$

23
$$
\begin{array}{r}
4\ 2 \\
\times\quad 6 \\
\hline
\end{array}
$$

29
$$
\begin{array}{r}
2\ 9 \\
\times\quad 5 \\
\hline
\end{array}
$$

18
$$
\begin{array}{r}
5\ 4 \\
\times\quad 7 \\
\hline
\end{array}
$$

24
$$
\begin{array}{r}
2\ 6 \\
\times\quad 9 \\
\hline
\end{array}
$$

30
$$
\begin{array}{r}
3\ 8 \\
\times\quad 5 \\
\hline
\end{array}
$$

19
$$
\begin{array}{r}
8\ 5 \\
\times\quad 2 \\
\hline
\end{array}
$$

25
$$
\begin{array}{r}
4\ 5 \\
\times\quad 3 \\
\hline
\end{array}
$$

31
$$
\begin{array}{r}
6\ 3 \\
\times\quad 4 \\
\hline
\end{array}
$$

20
$$
\begin{array}{r}
3\ 5 \\
\times\quad 6 \\
\hline
\end{array}
$$

26
$$
\begin{array}{r}
6\ 8 \\
\times\quad 2 \\
\hline
\end{array}
$$

32
$$
\begin{array}{r}
2\ 7 \\
\times\quad 6 \\
\hline
\end{array}
$$

21
$$
\begin{array}{r}
9\ 5 \\
\times\quad 3 \\
\hline
\end{array}
$$

27
$$
\begin{array}{r}
4\ 7 \\
\times\quad 7 \\
\hline
\end{array}
$$

33
$$
\begin{array}{r}
7\ 5 \\
\times\quad 3 \\
\hline
\end{array}
$$

스스로
평가   😄 🙂 ☹

79

도전! 12분!

✏️ 계산해 보세요.

1 25 × 4

2 35 × 6

3 37 × 5

4 53 × 9

5 84 × 7

6 69 × 8

7 54 × 3

8 24 × 5

9 96 × 2

10 47 × 9

11 32 × 7

12 43 × 8

13 72 × 5

14 68 × 3

15 56 × 5

✏️ 계산해 보세요.

16 38×4

17 55×7

18 96×3

19 36×7

20 28×7

21 79×2

22 24×9

23 82×5

24 43×7

25 22×6

26 52×6

27 98×4

28 84×3

29 44×3

30 32×6

31 95×8

32 34×3

33 77×8

34 39×6

35 23×7

36 99×4

✏️ 계산해 보세요.

1 25 × 8

2 49 × 3

3 87 × 4

4 48 × 3

5 92 × 5

6 58 × 2

7 35 × 9

8 47 × 6

9 59 × 7

10 67 × 6

11 62 × 9

12 36 × 8

13 74 × 7

14 28 × 5

15 64 × 4

✏️ 계산해 보세요.

16 49×4

17 69×7

18 22×7

19 76×2

20 28×8

21 88×5

22 39×7

23 64×5

24 43×8

25 34×4

26 57×3

27 37×8

28 23×8

29 33×9

30 58×6

31 77×9

32 24×5

33 83×4

34 48×9

35 46×5

36 92×6

스스로 평가 😄 🙂 😞

🖉 빈 곳에 알맞은 수를 써넣으세요.

1 | 35 | ×4 | |

6 | 58 | ×3 | |

2 | 83 | ×4 | |

7 | 36 | ×9 | |

3 | 76 | ×2 | |

8 | 47 | ×3 | |

4 | 26 | ×5 | |

9 | 87 | ×2 | |

5 | 57 | ×4 | |

10 | 28 | ×6 | |

✏️ 빈 곳에 두 수의 곱을 써넣으세요.

11

36	4

16

54	
7	

12

65	3

17

26	
9	

13

67	5

18

35	
6	

14

49	4

19

27	
6	

15

88	3

20

42	
8	

스스로 평가 😆 🙂 😞

85

✏️ 채소 가게에 감자, 당근, 파프리카, 고추가 있어요. 각 채소의 수를 구해 보세요.

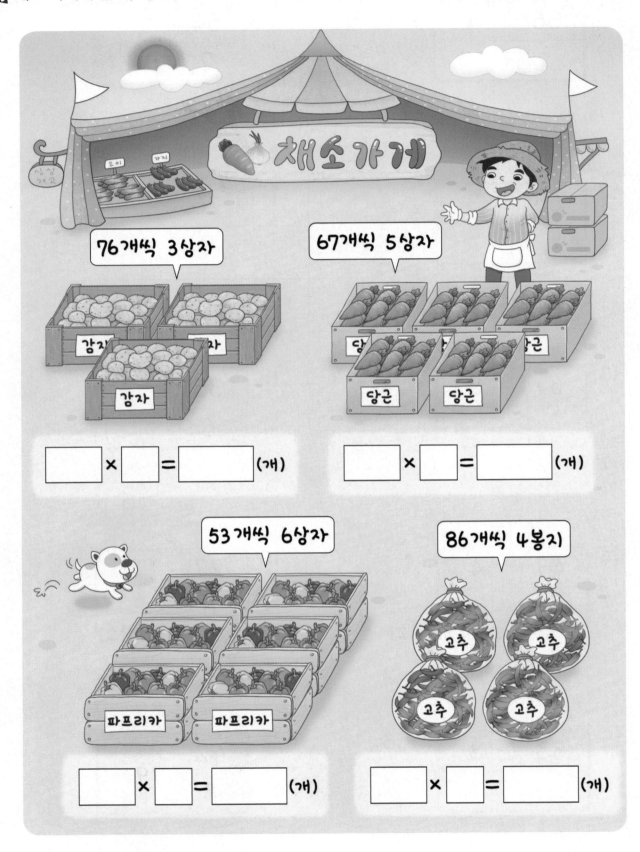

76개씩 3상자

67개씩 5상자

☐ × ☐ = ☐ (개)

☐ × ☐ = ☐ (개)

53개씩 6상자

86개씩 4봉지

☐ × ☐ = ☐ (개)

☐ × ☐ = ☐ (개)

✏️ 주어진 가로 · 세로 열쇠를 보고 퍼즐을 완성해 보세요.

가로 열쇠

① 48 × 3
② 67 × 7
③ 54 × 6
④ 36 × 8

세로 열쇠

㉠ 53 × 8
㉡ 89 × 7
㉢ 37 × 4
㉣ 79 × 2

✅ 유진이는 줄넘기를 하루에 213회씩 3일 동안 했어요. 3일 동안 유진이는 줄넘기를 모두 몇 회 했나요?

		2	1	3
	×			3
				9
			3	0
		6	0	0
		6	3	9

$3 \times 3 = 9$

$10 \times 3 = 30$

$200 \times 3 = 600$

$600 + 30 + 9 = 639$

➡ 일의 자리 수, 십의 자리 수, 백의 자리 수에 각각 3을 곱한 것을 쓰고 모두 더해요.

$213 \times 3 = 639$이므로 유진이가 3일 동안 한 줄넘기는 모두 639회예요.

✔ (몇백) × (몇) 구하기

	천의 자리	백의 자리	십의 자리	일의 자리
		3	0	0
×				4
	1	2	0	0

$3 \times 4 = 12$

	천의 자리	백의 자리	십의 자리	일의 자리
		8	0	0
×				5
	4	0	0	0

$8 \times 5 = 40$

➡ 일의 자리와 십의 자리에는 0을 쓰고 백의 자리 수와의 곱은 천의 자리와
백의 자리에 써요.

✔ 올림이 없는 (세 자리 수) × (한 자리 수) 구하기

$3 \times 2 = 6$ $1 \times 2 = 2$

$2 \times 2 = 4$

① 일의 자리 계산은 $2 \times 2 = 4$이므로
일의 자리에 4를 써요.
② 십의 자리 계산은 $1 \times 2 = 2$이므로
십의 자리에 2를 써요.
③ 백의 자리 계산은 $3 \times 2 = 6$이므로
백의 자리에 6을 써요.

일의 자리 수와의 곱은 일의 자리, 십의 자리 수와의 곱은 십의 자리,
백의 자리 수와의 곱은 백의 자리에 써요.

📓 개념 쏙쏙 노트

• (몇백) × (몇)
0을 2개 쓰고 (몇) × (몇)을 계산하여 씁니다.
• 올림이 없는 (세 자리 수) × (한 자리 수)
일의 자리, 십의 자리, 백의 자리 순서로 계산합니다.

올림이 없는
(세 자리 수) × (한 자리 수)

✏️ 계산해 보세요.

1
```
    1 0 0
  ×     8
```

6
```
    4 0 0
  ×     4
```

11
```
    2 0 1
  ×     4
```

2
```
    2 2 3
  ×     2
```

7
```
    3 0 0
  ×     9
```

12
```
    2 1 3
  ×     3
```

3
```
    7 0 0
  ×     5
```

8
```
    2 1 0
  ×     4
```

13
```
    6 0 0
  ×     7
```

4
```
    3 1 4
  ×     2
```

9
```
    5 0 0
  ×     6
```

14
```
    3 0 0
  ×     3
```

5
```
    9 0 0
  ×     2
```

10
```
    4 2 1
  ×     2
```

15
```
    1 2 0
  ×     3
```

✏️ 계산해 보세요.

16
$$\begin{array}{r} 4\ 0\ 0 \\ \times\qquad 2 \\ \hline \end{array}$$

17
$$\begin{array}{r} 3\ 0\ 1 \\ \times\qquad 3 \\ \hline \end{array}$$

18
$$\begin{array}{r} 1\ 2\ 1 \\ \times\qquad 4 \\ \hline \end{array}$$

19
$$\begin{array}{r} 3\ 2\ 1 \\ \times\qquad 3 \\ \hline \end{array}$$

20
$$\begin{array}{r} 1\ 4\ 1 \\ \times\qquad 2 \\ \hline \end{array}$$

21
$$\begin{array}{r} 3\ 0\ 3 \\ \times\qquad 3 \\ \hline \end{array}$$

22
$$\begin{array}{r} 1\ 3\ 4 \\ \times\qquad 2 \\ \hline \end{array}$$

23
$$\begin{array}{r} 1\ 1\ 2 \\ \times\qquad 4 \\ \hline \end{array}$$

24
$$\begin{array}{r} 2\ 1\ 4 \\ \times\qquad 2 \\ \hline \end{array}$$

25
$$\begin{array}{r} 3\ 0\ 0 \\ \times\qquad 2 \\ \hline \end{array}$$

26
$$\begin{array}{r} 2\ 2\ 1 \\ \times\qquad 4 \\ \hline \end{array}$$

27
$$\begin{array}{r} 3\ 3\ 2 \\ \times\qquad 3 \\ \hline \end{array}$$

28
$$\begin{array}{r} 2\ 3\ 0 \\ \times\qquad 3 \\ \hline \end{array}$$

29
$$\begin{array}{r} 2\ 0\ 0 \\ \times\qquad 2 \\ \hline \end{array}$$

30
$$\begin{array}{r} 1\ 4\ 3 \\ \times\qquad 2 \\ \hline \end{array}$$

31
$$\begin{array}{r} 1\ 0\ 1 \\ \times\qquad 8 \\ \hline \end{array}$$

32
$$\begin{array}{r} 1\ 1\ 0 \\ \times\qquad 9 \\ \hline \end{array}$$

33
$$\begin{array}{r} 3\ 4\ 3 \\ \times\qquad 2 \\ \hline \end{array}$$

스스로
평가　😄 🙂 😟

도전! 12분!

✏️ 계산해 보세요.

1
```
  2 2 1
×     4
```

6
```
  3 1 1
×     3
```

11
```
  2 1 4
×     2
```

2
```
  3 2 3
×     2
```

7
```
  2 1 1
×     3
```

12
```
  2 3 1
×     3
```

3
```
  4 3 2
×     2
```

8
```
  3 0 2
×     3
```

13
```
  4 4 2
×     2
```

4
```
  3 1 4
×     2
```

9
```
  5 0 0
×     6
```

14
```
  3 1 1
×     2
```

5
```
  1 1 2
×     4
```

10
```
  4 2 3
×     2
```

15
```
  1 2 3
×     3
```

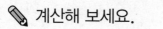 계산해 보세요.

16
$$\begin{array}{r} 4\ 2\ 0 \\ \times\ \ \ \ \ 2 \\ \hline \end{array}$$

17
$$\begin{array}{r} 3\ 2\ 2 \\ \times\ \ \ \ \ 3 \\ \hline \end{array}$$

18
$$\begin{array}{r} 1\ 2\ 4 \\ \times\ \ \ \ \ 2 \\ \hline \end{array}$$

19
$$\begin{array}{r} 3\ 0\ 4 \\ \times\ \ \ \ \ 2 \\ \hline \end{array}$$

20
$$\begin{array}{r} 2\ 1\ 3 \\ \times\ \ \ \ \ 3 \\ \hline \end{array}$$

21
$$\begin{array}{r} 4\ 1\ 3 \\ \times\ \ \ \ \ 2 \\ \hline \end{array}$$

22
$$\begin{array}{r} 2\ 2\ 0 \\ \times\ \ \ \ \ 4 \\ \hline \end{array}$$

23
$$\begin{array}{r} 4\ 0\ 1 \\ \times\ \ \ \ \ 2 \\ \hline \end{array}$$

24
$$\begin{array}{r} 2\ 0\ 0 \\ \times\ \ \ \ \ 3 \\ \hline \end{array}$$

25
$$\begin{array}{r} 2\ 3\ 3 \\ \times\ \ \ \ \ 3 \\ \hline \end{array}$$

26
$$\begin{array}{r} 1\ 2\ 2 \\ \times\ \ \ \ \ 4 \\ \hline \end{array}$$

27
$$\begin{array}{r} 3\ 2\ 0 \\ \times\ \ \ \ \ 3 \\ \hline \end{array}$$

28
$$\begin{array}{r} 1\ 4\ 2 \\ \times\ \ \ \ \ 2 \\ \hline \end{array}$$

29
$$\begin{array}{r} 3\ 1\ 3 \\ \times\ \ \ \ \ 3 \\ \hline \end{array}$$

30
$$\begin{array}{r} 1\ 3\ 2 \\ \times\ \ \ \ \ 3 \\ \hline \end{array}$$

31
$$\begin{array}{r} 1\ 1\ 3 \\ \times\ \ \ \ \ 3 \\ \hline \end{array}$$

32
$$\begin{array}{r} 3\ 0\ 2 \\ \times\ \ \ \ \ 3 \\ \hline \end{array}$$

33
$$\begin{array}{r} 4\ 0\ 0 \\ \times\ \ \ \ \ 2 \\ \hline \end{array}$$

7주

스스로 평가

✏️ 계산해 보세요.

1 212×2

2 300×5

3 300×8

4 121×4

5 600×2

6 700×9

7 304×2

8 500×8

9 432×2

10 900×3

11 230×3

12 900×6

13 413×2

14 400×4

15 321×3

✏️ 계산해 보세요.

16 232×3

17 443×2

18 300×3

19 312×3

20 132×3

21 341×2

22 323×3

23 310×3

24 103×3

25 203×3

26 241×2

27 212×4

28 200×4

29 314×2

30 201×4

31 123×3

32 330×3

33 200×3

34 114×2

35 223×3

36 130×3

스스로 평가

✏️ 계산해 보세요.

1 114×2

6 212×4

11 442×2

2 332×3

7 123×2

12 223×3

3 243×2

8 433×2

13 314×2

4 231×2

9 134×2

14 122×4

5 142×2

10 423×2

15 303×3

✏️ 계산해 보세요.

16 244×2

23 311×3

30 324×2

17 331×3

24 431×2

31 224×2

18 140×2

25 204×2

32 344×2

19 402×2

26 144×2

33 102×4

20 104×2

27 300×3

34 240×2

21 340×2

28 131×3

35 211×4

22 200×2

29 242×2

36 404×2

✏️ 빈 곳에 알맞은 수를 써넣으세요.

1
| 300 | 3 | |

6
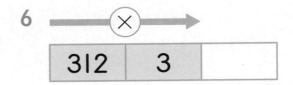
| 312 | 3 | |

2
| 220 | 4 | |

7
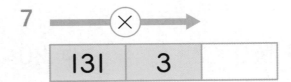
| 131 | 3 | |

3
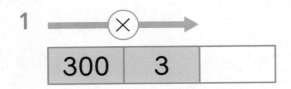
| 242 | 2 | |

8
| 200 | 4 | |

4
| 211 | 3 | |

9
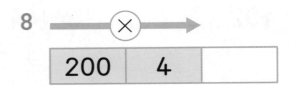
| 414 | 2 | |

5
| 122 | 4 | |

10
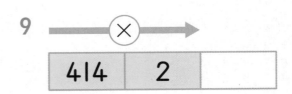
| 320 | 2 | |

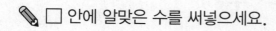

□ 안에 알맞은 수를 써넣으세요.

11 112 → ×3 → ☐

12 330 → ×3 → ☐

13 213 → ×2 → ☐

14 423 → ×2 → ☐

15 123 → ×3 → ☐

16 221 → ×4 → ☐

17 324 → ×2 → ☐

18 200 → ×4 → ☐

19 312 → ×2 → ☐

20 210 → ×4 → ☐

✏️ 사다리 타기는 세로선을 타고 내려가다가 가로로 놓인 선을 만나면 가로선을 따라 맨 아래까지 내려가는 놀이예요. 사다리를 타고 내려가서 도착한 곳에 계산 결과를 써넣으세요.

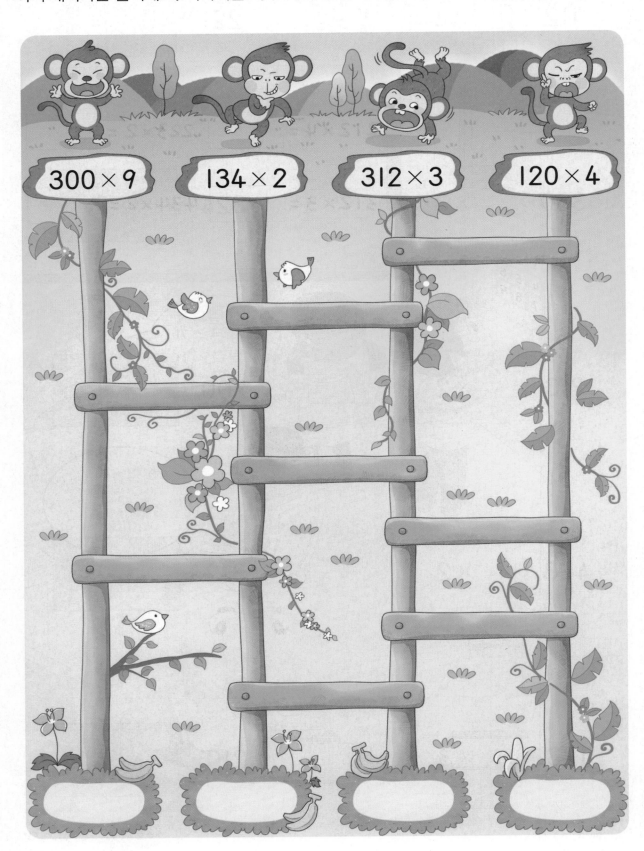

300 × 9

134 × 2

312 × 3

120 × 4

실험실의 칠판에 쓰여 있는 곱셈식의 계산 결과 중 가장 큰 수가 실험실의 문을 열 수 있는 비밀 번호예요. 각각 계산한 다음 비밀번호를 써 보세요.

올림이 있는
(세 자리 수) × (한 자리 수)

✔️ 한 번 운행할 때 124명을 태울 수 있는 기차가 있어요. 이 기차가 하루에 4번 운행한다면 하루 동안 모두 몇 명을 태울 수 있나요?

$$
\begin{array}{r}
1\ 2\ 4 \\
\times \quad\ \ 4 \\
\hline
1\ 6 \\
8\ 0 \\
4\ 0\ 0 \\
\hline
4\ 9\ 6
\end{array}
$$

$4 \times 4 = 16$

$20 \times 4 = 80$

$100 \times 4 = 400$

$16 + 80 + 400 = 496$

➡️ 일의 자리 수, 십의 자리 수, 백의 자리 수에 4를 곱한 것을 쓰고 모두 더해요.

124 × 4 = 496이므로 하루 동안 모두 496명을 태울 수 있어요.

학습계획

일차	1일 학습		2일 학습		3일 학습		4일 학습		5일 학습	
공부할 날	월	일	월	일	월	일	월	일	월	일

✅ 올림이 1번 있는 (세 자리 수) × (한 자리 수) 구하기

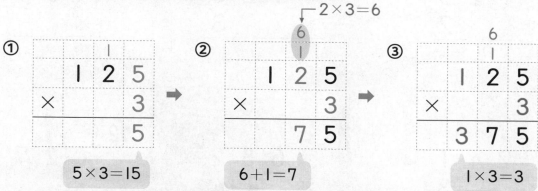

➡ 일의 자리 수와의 곱에서 올림한 수를 십의 자리 위에 작게 쓰고 십의 자리 수와의 곱도 십의 자리 위에 써서 더해요.

✅ 올림이 2번 있는 (세 자리 수) × (한 자리 수) 구하기

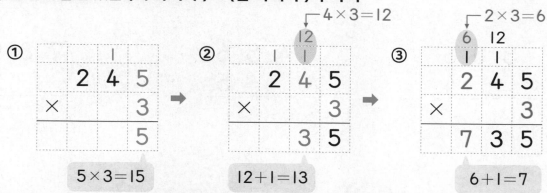

➡ 일의 자리 수와의 곱에서 올림한 수는 십의 자리 위에, 십의 자리 수와의 곱에서 올림한 수는 백의 자리 위에 작게 써요. 올림한 수는 각 자리의 곱에 더해요.

✅ 올림이 3번 있는 (세 자리 수) × (한 자리 수) 구하기

①
```
      1
    5 6 7
  ×     2
        4
```

② ┌ 6×2=12
```
      1  12
    5 6 7
  ×     2
      3 4
```

③ ┌ 5×2=10
```
   10  12
    1   1
    5 6 7
  ×     2
  1 1 3 4
```

➡ 백의 자리 수와의 곱에서 올림한 수는 천의 자리에 써요.

✏️ 계산해 보세요.

1
```
    1 2 5
  ×     2
```

2
```
    2 4 1
  ×     3
```

3
```
    3 0 3
  ×     4
```

4
```
    4 8 9
  ×     2
```

5
```
    2 7 5
  ×     3
```

6
```
    7 2 8
  ×     3
```

7
```
    6 8 2
  ×     4
```

8
```
    4 5 6
  ×     5
```

9
```
    8 2 5
  ×     2
```

10
```
    7 3 9
  ×     4
```

11
```
    5 1 2
  ×     5
```

12
```
    2 7 3
  ×     4
```

13
```
    7 8 9
  ×     2
```

14
```
    6 8 8
  ×     4
```

15
```
    5 2 5
  ×     6
```

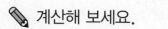
✏️ 계산해 보세요.

16
$$\begin{array}{r} 1\ 2\ 9 \\ \times\quad 4 \\ \hline \end{array}$$

21
$$\begin{array}{r} 6\ 9\ 2 \\ \times\quad 6 \\ \hline \end{array}$$

26
$$\begin{array}{r} 4\ 9\ 5 \\ \times\quad 8 \\ \hline \end{array}$$

17
$$\begin{array}{r} 4\ 1\ 5 \\ \times\quad 6 \\ \hline \end{array}$$

22
$$\begin{array}{r} 3\ 8\ 3 \\ \times\quad 7 \\ \hline \end{array}$$

27
$$\begin{array}{r} 2\ 7\ 7 \\ \times\quad 4 \\ \hline \end{array}$$

18
$$\begin{array}{r} 8\ 7\ 4 \\ \times\quad 5 \\ \hline \end{array}$$

23
$$\begin{array}{r} 5\ 2\ 6 \\ \times\quad 3 \\ \hline \end{array}$$

28
$$\begin{array}{r} 7\ 6\ 2 \\ \times\quad 3 \\ \hline \end{array}$$

19
$$\begin{array}{r} 2\ 1\ 2 \\ \times\quad 7 \\ \hline \end{array}$$

24
$$\begin{array}{r} 8\ 1\ 4 \\ \times\quad 4 \\ \hline \end{array}$$

29
$$\begin{array}{r} 1\ 4\ 6 \\ \times\quad 8 \\ \hline \end{array}$$

20
$$\begin{array}{r} 5\ 4\ 5 \\ \times\quad 3 \\ \hline \end{array}$$

25
$$\begin{array}{r} 3\ 0\ 7 \\ \times\quad 5 \\ \hline \end{array}$$

30
$$\begin{array}{r} 9\ 6\ 5 \\ \times\quad 6 \\ \hline \end{array}$$

스스로 평가 😁 ☺ ☹

105

올림이 있는
(세 자리 수) × (한 자리 수)

도전! 12분!

✏️ 계산해 보세요.

1
```
    6 6 2
  ×     4
```

2
```
    9 2 5
  ×     4
```

3
```
    4 9 7
  ×     3
```

4
```
    1 7 8
  ×     2
```

5
```
    5 4 7
  ×     3
```

6
```
    8 2 7
  ×     2
```

7
```
    2 9 0
  ×     6
```

8
```
    7 8 2
  ×     6
```

9
```
    5 6 1
  ×     5
```

10
```
    8 5 8
  ×     5
```

11
```
    5 4 6
  ×     3
```

12
```
    2 7 5
  ×     2
```

13
```
    1 3 6
  ×     6
```

14
```
    4 1 2
  ×     8
```

15
```
    3 2 4
  ×     9
```

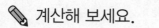
계산해 보세요.

16
```
    8 0 8
  ×     3
```

21
```
    4 8 1
  ×     4
```

26
```
    3 1 5
  ×     5
```

17
```
    3 5 2
  ×     9
```

22
```
    2 2 4
  ×     3
```

27
```
    7 1 2
  ×     4
```

18
```
    6 4 5
  ×     8
```

23
```
    2 3 5
  ×     7
```

28
```
    1 3 4
  ×     3
```

19
```
    2 4 6
  ×     7
```

24
```
    7 5 8
  ×     9
```

29
```
    5 7 9
  ×     9
```

20
```
    9 7 0
  ×     4
```

25
```
    1 7 8
  ×     5
```

30
```
    6 0 4
  ×     6
```

스스로 평가

✏️ 계산해 보세요.

1 173 × 3

2 838 × 2

3 972 × 3

4 453 × 6

5 927 × 5

6 772 × 2

7 378 × 5

8 537 × 6

9 649 × 8

10 433 × 7

11 571 × 4

12 148 × 3

13 227 × 7

14 298 × 4

15 783 × 9

✏️ 계산해 보세요.

16 560×4

17 672×7

18 103×9

19 783×4

20 471×7

21 345×8

22 509×5

23 293×5

24 455×8

25 728×2

26 326×5

27 857×8

28 614×7

29 185×4

30 582×6

31 236×9

32 434×3

33 163×6

34 939×4

35 258×6

36 747×3

스스로 평가 😊 🙂 😞

올림이 있는
(세 자리 수) × (한 자리 수)

✏️ 계산해 보세요.

1 346 × 3

2 127 × 4

3 622 × 5

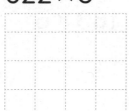

4 272 × 6

5 946 × 4

6 525 × 4

7 709 × 2

8 245 × 3

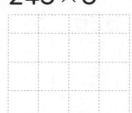

9 482 × 4

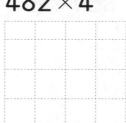

10 331 × 4

11 454 × 3

12 142 × 3

13 307 × 5

14 814 × 6

15 683 × 3

✏️ 계산해 보세요.

16 759 × 6

17 262 × 5

18 952 × 4

19 512 × 3

20 774 × 6

21 337 × 4

22 448 × 7

23 192 × 7

24 427 × 6

25 663 × 5

26 394 × 4

27 158 × 7

28 846 × 5

29 536 × 8

30 378 × 8

31 735 × 7

32 115 × 6

33 593 × 5

34 465 × 8

35 206 × 6

36 867 × 9

스스로 평가

111

✏️ 빈 곳에 알맞은 수를 써넣으세요.

1

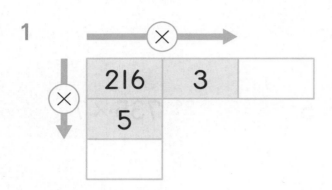

2

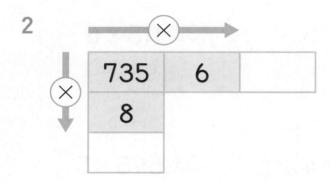

3

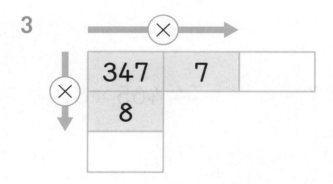

4

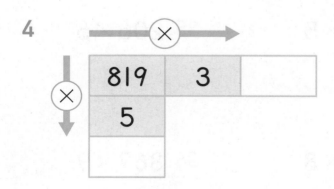

5

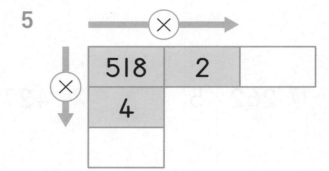

6

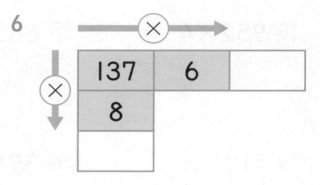

7

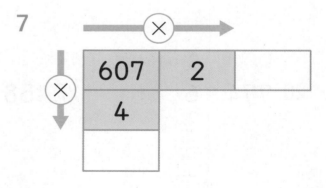

8

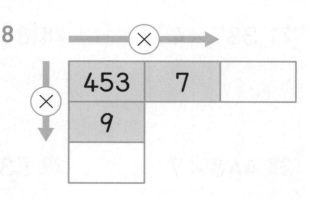

✏️ 빈 곳에 두 수의 곱을 써넣으세요.

9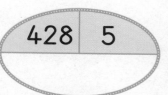

14

10

15

11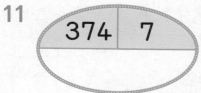

16

12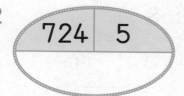

17

13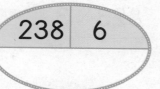

18

스스로 평가 😄 🙂 ☹️

113

✏️ 계산 결과가 큰 쪽을 따라가 바다에 도착해 보세요.

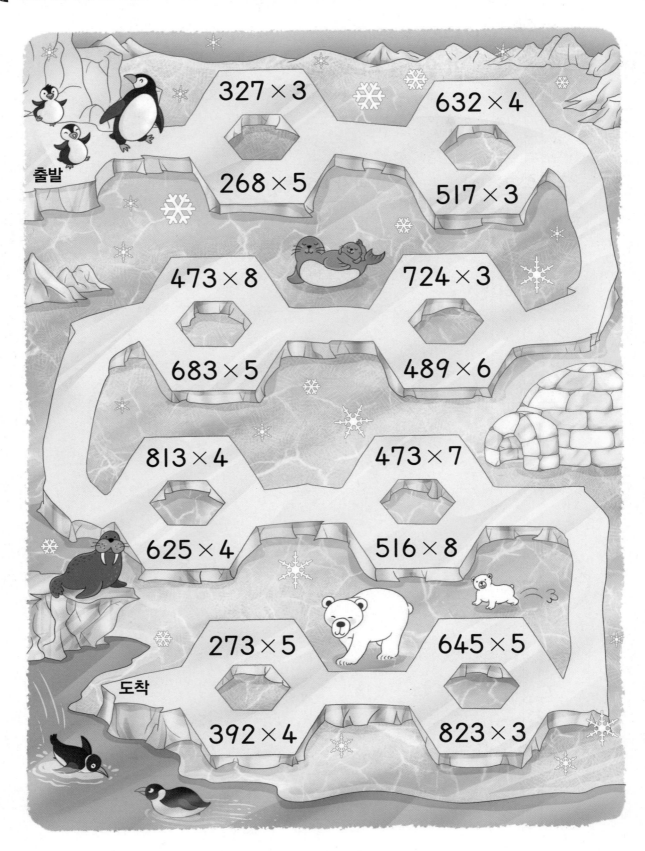

출발

327 × 3

268 × 5

632 × 4

517 × 3

473 × 8

683 × 5

724 × 3

489 × 6

813 × 4

625 × 4

473 × 7

516 × 8

273 × 5

392 × 4

645 × 5

823 × 3

도착

지윤이는 마트에서 초콜릿 4개, 과자 3개, 껌 5개를 샀어요. 지윤이는 얼마를 내야 하나요?

초콜릿: 420 × ☐ = ☐ (원)

과자: 850 × ☐ = ☐ (원)

껌: 280 × ☐ = ☐ (원)

지윤이가 내야 하는 돈: ☐ + ☐ + ☐

= ☐ (원)

☑️ 지훈이는 한 장에 붙임 딱지가 20개씩 있는 종이를 30장 가지고 있고, 서윤이는 한 장에 붙임 딱지가 23개씩 있는 종이를 20장 가지고 있어요. 지훈이와 서윤이가 가지고 있는 붙임 딱지는 각각 몇 개인가요?

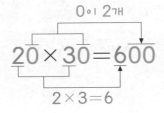

① 일의 자리와 십의 자리에 0을 2개 써요.
② 2×3＝6이므로 백의 자리에 6을 써요.

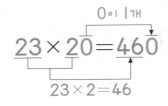

① 일의 자리에 0을 1개 써요.
② 23×2＝46이므로 백의 자리와 십의 자리에 써요.

> 20×30＝600이므로 지훈이는 붙임 딱지를 600개,
> 23×20＝460이므로 서윤이는 붙임 딱지를 460개 가지고 있어요.

학습계획

일차	1일학습		2일학습		3일학습		4일학습		5일학습	
공부할 날	월	일	월	일	월	일	월	일	월	일

✅ (몇십) × (몇십) 구하기

천의 자리	백의 자리	십의 자리	일의 자리
		3	0
×		4	0
1	2	0	0

0을 2개 쓰기

$3 \times 4 = 12$

➡ 십의 자리와 일의 자리에 0을 쓴 다음 $3 \times 4 = 12$이므로 천의 자리에 1, 백의 자리에 2를 써요.

주의 **자리에 잘 맞추어 수를 써요.**

	3	0	
×	4	0	
	1	2	0	0	(×)

	3	0
×	4	0
1	2	0	0	(×)

✅ (몇십몇) × (몇십) 구하기

천의 자리	백의 자리	십의 자리	일의 자리
		3	4
×		6	0
2	0	4	0

$34 \times 6 = 204$

➡ 일의 자리에 0을 쓴 다음 $34 \times 6 = 204$이므로 천의 자리에 2, 백의 자리에 0, 십의 자리에 4를 써요.

10배
$34 \times 6 = \underline{204}$ ➡ $34 \times 60 = \underline{2040}$
10배

참고 곱해지는 수가 같을 때 곱하는 수가 10배가 되면 곱도 10배가 돼요.

📝 개념 쏙쏙 노트

• (몇십) × (몇십)
  일의 자리와 십의 자리에 0을 쓰고 (몇) × (몇)을 계산하여 씁니다.
• (몇십몇) × (몇십)
  일의 자리에 0을 쓰고 (몇십몇) × (몇)을 계산하여 씁니다.

도전! 10분!

✏️ 계산해 보세요.

1
```
    2 0
×   1 0
```

2
```
    4 3
×   2 0
```

3
```
    6 0
×   4 0
```

4
```
    9 3
×   7 0
```

5
```
    5 0
×   6 0
```

6
```
    5 0
×   5 0
```

7
```
    7 0
×   7 0
```

8
```
    8 5
×   8 0
```

9
```
    7 0
×   3 0
```

10
```
    8 4
×   9 0
```

11
```
    6 8
×   9 0
```

12
```
    3 0
×   6 0
```

13
```
    4 9
×   5 0
```

14
```
    8 0
×   6 0
```

15
```
    9 2
×   3 0
```

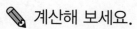 계산해 보세요.

16
$$\begin{array}{r} 2\,0 \\ \times\ 6\,0 \\ \hline \end{array}$$

22
$$\begin{array}{r} 4\,0 \\ \times\ 5\,0 \\ \hline \end{array}$$

28
$$\begin{array}{r} 8\,2 \\ \times\ 3\,0 \\ \hline \end{array}$$

17
$$\begin{array}{r} 9\,4 \\ \times\ 2\,0 \\ \hline \end{array}$$

23
$$\begin{array}{r} 9\,2 \\ \times\ 8\,0 \\ \hline \end{array}$$

29
$$\begin{array}{r} 4\,5 \\ \times\ 9\,0 \\ \hline \end{array}$$

18
$$\begin{array}{r} 4\,2 \\ \times\ 5\,0 \\ \hline \end{array}$$

24
$$\begin{array}{r} 2\,1 \\ \times\ 7\,0 \\ \hline \end{array}$$

30
$$\begin{array}{r} 1\,3 \\ \times\ 2\,0 \\ \hline \end{array}$$

19
$$\begin{array}{r} 2\,4 \\ \times\ 9\,0 \\ \hline \end{array}$$

25
$$\begin{array}{r} 2\,6 \\ \times\ 3\,0 \\ \hline \end{array}$$

31
$$\begin{array}{r} 6\,4 \\ \times\ 5\,0 \\ \hline \end{array}$$

20
$$\begin{array}{r} 8\,2 \\ \times\ 7\,0 \\ \hline \end{array}$$

26
$$\begin{array}{r} 6\,0 \\ \times\ 3\,0 \\ \hline \end{array}$$

32
$$\begin{array}{r} 7\,3 \\ \times\ 4\,0 \\ \hline \end{array}$$

21
$$\begin{array}{r} 1\,3 \\ \times\ 6\,0 \\ \hline \end{array}$$

27
$$\begin{array}{r} 3\,7 \\ \times\ 8\,0 \\ \hline \end{array}$$

33
$$\begin{array}{r} 8\,0 \\ \times\ 4\,0 \\ \hline \end{array}$$

(몇십) × (몇십),
(몇십몇) × (몇십)

✏️ 계산해 보세요.

1
```
    2 3
×   3 0
```

2
```
    3 4
×   2 0
```

3
```
    6 0
×   3 0
```

4
```
    2 7
×   2 0
```

5
```
    4 8
×   5 0
```

6
```
    3 6
×   3 0
```

7
```
    3 0
×   5 0
```

8
```
    4 8
×   8 0
```

9
```
    5 9
×   7 0
```

10
```
    2 3
×   6 0
```

11
```
    4 1
×   6 0
```

12
```
    1 7
×   4 0
```

13
```
    3 6
×   9 0
```

14
```
    7 0
×   5 0
```

15
```
    3 8
×   4 0
```

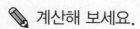 계산해 보세요.

16
$$\begin{array}{r} 4\,8 \\ \times\ 2\,0 \\ \hline \end{array}$$

22
$$\begin{array}{r} 6\,1 \\ \times\ 8\,0 \\ \hline \end{array}$$

28
$$\begin{array}{r} 1\,7 \\ \times\ 5\,0 \\ \hline \end{array}$$

17
$$\begin{array}{r} 3\,8 \\ \times\ 9\,0 \\ \hline \end{array}$$

23
$$\begin{array}{r} 3\,0 \\ \times\ 8\,0 \\ \hline \end{array}$$

29
$$\begin{array}{r} 3\,4 \\ \times\ 7\,0 \\ \hline \end{array}$$

18
$$\begin{array}{r} 7\,8 \\ \times\ 5\,0 \\ \hline \end{array}$$

24
$$\begin{array}{r} 5\,2 \\ \times\ 3\,0 \\ \hline \end{array}$$

30
$$\begin{array}{r} 1\,4 \\ \times\ 9\,0 \\ \hline \end{array}$$

19
$$\begin{array}{r} 9\,3 \\ \times\ 3\,0 \\ \hline \end{array}$$

25
$$\begin{array}{r} 4\,0 \\ \times\ 7\,0 \\ \hline \end{array}$$

31
$$\begin{array}{r} 8\,4 \\ \times\ 2\,0 \\ \hline \end{array}$$

20
$$\begin{array}{r} 9\,6 \\ \times\ 7\,0 \\ \hline \end{array}$$

26
$$\begin{array}{r} 6\,2 \\ \times\ 4\,0 \\ \hline \end{array}$$

32
$$\begin{array}{r} 9\,7 \\ \times\ 5\,0 \\ \hline \end{array}$$

21
$$\begin{array}{r} 6\,5 \\ \times\ 6\,0 \\ \hline \end{array}$$

27
$$\begin{array}{r} 2\,1 \\ \times\ 8\,0 \\ \hline \end{array}$$

33
$$\begin{array}{r} 6\,0 \\ \times\ 6\,0 \\ \hline \end{array}$$

✏️ 계산해 보세요.

1 70 × 50

2 94 × 90

3 52 × 30

4 65 × 70

5 40 × 40

6 40 × 80

7 35 × 30

8 54 × 80

9 90 × 40

10 80 × 30

11 67 × 60

12 70 × 40

13 93 × 70

14 30 × 40

15 56 × 90

✏️ 계산해 보세요.

16 72×20

17 63×70

18 92×40

19 59×80

20 81×50

21 74×60

22 63×30

23 20×90

24 16×40

25 52×60

26 70×80

27 57×20

28 50×30

29 38×60

30 95×60

31 32×20

32 75×80

33 44×30

34 67×90

35 23×50

36 32×40

9주

스스로 평가

123

✏️ 계산해 보세요.

1 34 × 20

6 28 × 50

11 33 × 60

2 50 × 40

7 41 × 70

12 70 × 20

3 28 × 70

8 90 × 30

13 67 × 50

4 16 × 80

9 24 × 90

14 80 × 40

5 30 × 40

10 49 × 50

15 83 × 90

✏️ 계산해 보세요.

16   87×60

17   47×40

18   78×90

19   23×60

20   69×20

21   76×70

22   35×30

23   30×50

24   26×20

25   17×30

26   25×40

27   70×90

28   57×90

29   13×70

30   34×50

31   49×60

32   40×90

33   47×80

34   52×70

35   72×30

36   89×40

스스로
평가   😄 🙂 😣

도전! 8분!

✏️ ☐ 안에 알맞은 수를 써넣으세요.

1   20
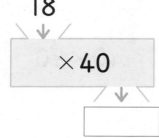
× 60

2   18
× 40

3   46
× 90

4   62
× 80

5   32
× 70
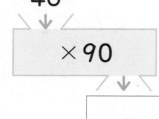
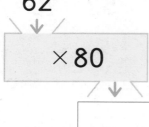
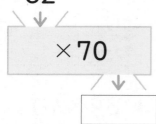

6   48
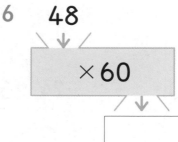
× 60

7   80
× 40

8   27
× 50

9   53
× 30

10   52
× 20
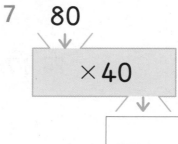
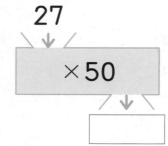
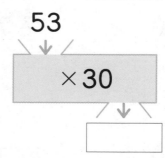
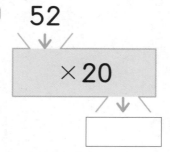

✏️ 빈 곳에 알맞은 수를 써넣으세요.

11
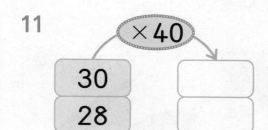

15
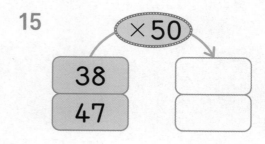

12
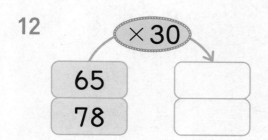

16
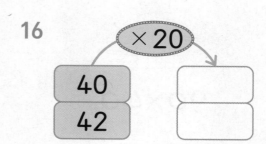

13
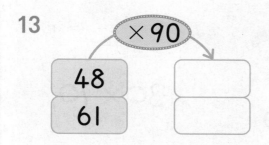

17
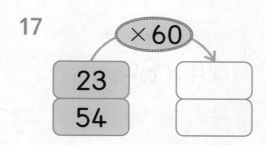

14
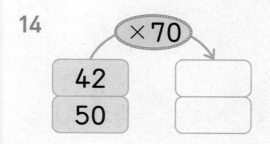

18
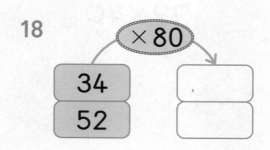

스스로 평가 😄 🙂 😞

✏️ 계산 결과가 2000보다 큰 곱셈식을 모두 찾아 색칠해 보세요.

90×40

29×30

24×80

33×50

30×70

72×40

준수가 푼 문제를 채점하려고 해요. 맞은 문제에 ○표, 틀린 문제에는 ✓표 하세요.

(몇십)×(몇십), (몇십몇)×(몇십) 구하기

이름: 한준수

1. 40 × 60 = 2400
2. 80 × 50 = 400
3. 24 × 30 = 720
4. 39 × 40 = 1560
5. 27 × 80 = 216
6. 42 × 70 = 2940
7. 90 × 30 = 2700
8. 54 × 20 = 1800
9. 64 × 90 = 5700
10. 40 × 80 = 3200

많이 틀렸으면 어쩌지…….

내가 채점해 보겠어!

(한 자리 수) × (두 자리 수)

☑ 케이블카 한 대에는 8명이 탈 수 있어요. 케이블카 12대에는 모두 몇 명이 탈 수 있나요?

```
①         8        ②         8        ③         8
        ×  1  2          ×  1  2          ×  1  2
        1  6             1  6             1  6
                         8  0             8  0
                                          9  6
```

① 8×2=16이므로 자리에 맞추어 16을 써요.
② 1은 십의 자리 수이므로 8×10=80을 계산하여 자리에 맞추어 써요.
③ 16과 80을 더하여 96을 써요.

8×12=96이므로 케이블카 12대에는 모두 96명이 탈 수 있어요.

학습계획

일차	1일학습	2일학습	3일학습	4일학습	5일학습
공부할 날	월 일	월 일	월 일	월 일	월 일

✅ (한 자리 수) × (두 자리 수) 구하기

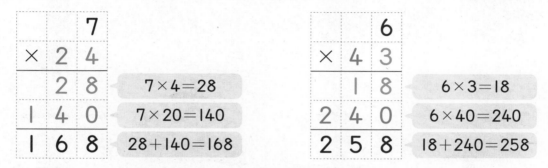

➡ (한 자리 수) × (몇)과 (한 자리 수) × (몇십)을 각각 구하고 더합니다.

✅ 세로셈

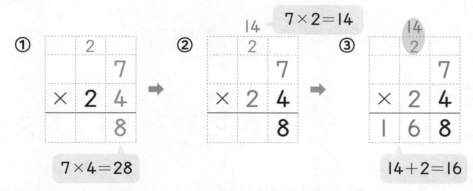

① 일의 자리 계산은 7 × 4 = 28이므로 십의 자리 위에 2를 작게 쓰고
   일의 자리에 8을 써요.

② 십의 자리 계산은 7 × 2 = 14이므로 십의 자리 위에 14를 작게 써요.

③ 올림한 2와 더하면 14 + 2 = 16이므로 백의 자리에 1, 십의 자리에 6을 써요.

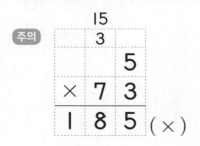

5와 십의 자리 수를 곱하여 일의 자리에 쓰고
5와 일의 자리 수를 곱하여 십의 자리에 써서
계산이 틀렸어요. 자리에 주의하여 계산해요.

(한 자리 수) × (두 자리 수)

✏️ 계산해 보세요.

1
```
      6
×  1  7
```

5
```
      3
×  8  6
```

9
```
      6
×  3  7
```

2
```
      2
×  5  9
```

6
```
      4
×  4  1
```

10
```
      5
×  1  6
```

3
```
      7
×  2  1
```

7
```
      8
×  3  5
```

11
```
      2
×  6  8
```

4
```
      9
×  7  4
```

8
```
      4
×  5  7
```

12
```
      5
×  4  3
```

✏️ 계산해 보세요.

10주

13
$$\begin{array}{r} 3 \\ \times\ 1\ 4 \\ \hline \end{array}$$

19
$$\begin{array}{r} 4 \\ \times\ 9\ 2 \\ \hline \end{array}$$

25
$$\begin{array}{r} 5 \\ \times\ 3\ 6 \\ \hline \end{array}$$

14
$$\begin{array}{r} 4 \\ \times\ 8\ 7 \\ \hline \end{array}$$

20
$$\begin{array}{r} 8 \\ \times\ 2\ 1 \\ \hline \end{array}$$

26
$$\begin{array}{r} 3 \\ \times\ 6\ 1 \\ \hline \end{array}$$

15
$$\begin{array}{r} 6 \\ \times\ 3\ 4 \\ \hline \end{array}$$

21
$$\begin{array}{r} 5 \\ \times\ 7\ 4 \\ \hline \end{array}$$

27
$$\begin{array}{r} 4 \\ \times\ 1\ 8 \\ \hline \end{array}$$

16
$$\begin{array}{r} 6 \\ \times\ 9\ 4 \\ \hline \end{array}$$

22
$$\begin{array}{r} 7 \\ \times\ 8\ 1 \\ \hline \end{array}$$

28
$$\begin{array}{r} 8 \\ \times\ 5\ 4 \\ \hline \end{array}$$

17
$$\begin{array}{r} 8 \\ \times\ 5\ 2 \\ \hline \end{array}$$

23
$$\begin{array}{r} 3 \\ \times\ 2\ 7 \\ \hline \end{array}$$

29
$$\begin{array}{r} 7 \\ \times\ 4\ 5 \\ \hline \end{array}$$

18
$$\begin{array}{r} 3 \\ \times\ 6\ 7 \\ \hline \end{array}$$

24
$$\begin{array}{r} 8 \\ \times\ 1\ 2 \\ \hline \end{array}$$

30
$$\begin{array}{r} 9 \\ \times\ 7\ 6 \\ \hline \end{array}$$

스스로 평가 😆 🙂 😞

도전! 10분!

✏️ 계산해 보세요.

1
```
      4
×   9 3
```

2
```
      9
×   4 6
```

3
```
      5
×   2 8
```

4
```
      3
×   6 5
```

5
```
      6
×   3 4
```

6
```
      6
×   8 9
```

7
```
      7
×   2 2
```

8
```
      6
×   5 7
```

9
```
      4
×   4 7
```

10
```
      8
×   2 5
```

11
```
      7
×   1 5
```

12
```
      8
×   7 2
```

13
```
      7
×   3 2
```

14
```
      5
×   9 4
```

15
```
      3
×   4 9
```

✏️ 계산해 보세요.

16
$$\begin{array}{r} 3 \\ \times\ 2\ 8 \\ \hline \end{array}$$

17
$$\begin{array}{r} 7 \\ \times\ 9\ 3 \\ \hline \end{array}$$

18
$$\begin{array}{r} 8 \\ \times\ 5\ 3 \\ \hline \end{array}$$

19
$$\begin{array}{r} 6 \\ \times\ 2\ 6 \\ \hline \end{array}$$

20
$$\begin{array}{r} 4 \\ \times\ 7\ 5 \\ \hline \end{array}$$

21
$$\begin{array}{r} 9 \\ \times\ 6\ 2 \\ \hline \end{array}$$

22
$$\begin{array}{r} 4 \\ \times\ 8\ 4 \\ \hline \end{array}$$

23
$$\begin{array}{r} 6 \\ \times\ 3\ 5 \\ \hline \end{array}$$

24
$$\begin{array}{r} 9 \\ \times\ 1\ 5 \\ \hline \end{array}$$

25
$$\begin{array}{r} 3 \\ \times\ 8\ 2 \\ \hline \end{array}$$

26
$$\begin{array}{r} 5 \\ \times\ 4\ 4 \\ \hline \end{array}$$

27
$$\begin{array}{r} 3 \\ \times\ 9\ 5 \\ \hline \end{array}$$

28
$$\begin{array}{r} 5 \\ \times\ 1\ 7 \\ \hline \end{array}$$

29
$$\begin{array}{r} 5 \\ \times\ 7\ 3 \\ \hline \end{array}$$

30
$$\begin{array}{r} 3 \\ \times\ 4\ 2 \\ \hline \end{array}$$

31
$$\begin{array}{r} 7 \\ \times\ 3\ 1 \\ \hline \end{array}$$

32
$$\begin{array}{r} 3 \\ \times\ 6\ 4 \\ \hline \end{array}$$

33
$$\begin{array}{r} 6 \\ \times\ 5\ 5 \\ \hline \end{array}$$

10주

스스로 평가　😄 🙂 🙁

135

✏️ 계산해 보세요.

1 5×14

2 4×94

3 5×28

4 8×64

5 9×37

6 3×45

7 6×73

8 2×56

9 5×89

10 2×98

11 4×67

12 3×24

13 9×32

14 7×79

15 8×46

✏️ 계산해 보세요.

16 7×23

17 5×96

18 9×43

19 5×58

20 9×83

21 8×49

22 2×29

23 6×89

24 7×38

25 3×65

26 3×41

27 4×16

28 7×72

29 5×32

30 8×78

31 6×63

32 7×12

33 4×85

34 5×56

35 6×25

36 4×98

스스로
평가 😄 🙂 🙁

 계산해 보세요.

1 3×55

2 9×43

3 8×65

4 6×82

5 7×28

6 7×32

7 3×58

8 9×18

9 7×75

10 4×43

11 8×67

12 4×13

13 2×35

14 8×23

15 5×67

✏️ 계산해 보세요.

16 6×59

17 4×62

18 8×22

19 9×48

20 4×86

21 6×33

22 4×97

23 7×99

24 3×37

25 5×66

26 8×79

27 8×13

28 7×26

29 5×71

30 8×77

31 9×24

32 6×91

33 7×57

34 5×39

35 9×88

36 8×19

스스로 평가 😄 ☺ ☹

✏️ 빈 곳에 알맞은 수를 써넣으세요.

1

2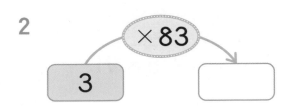

3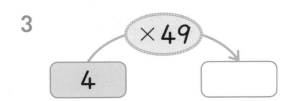

4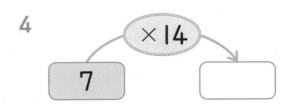

5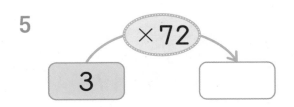

6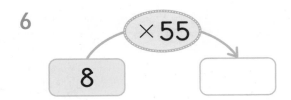

7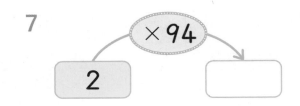

8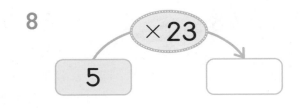

9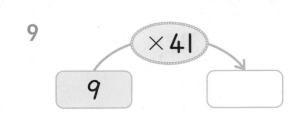

10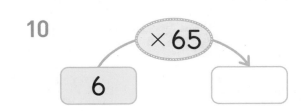

✏️ 빈 곳에 알맞은 수를 써넣으세요.

10
주

11
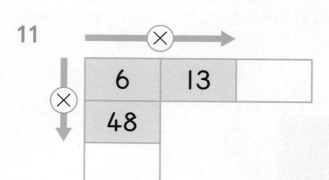

15
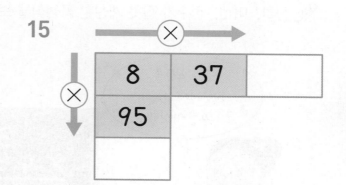

12
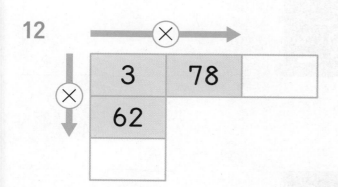

16
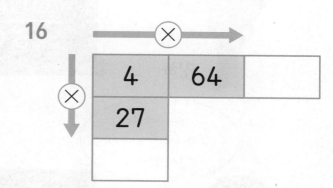

13
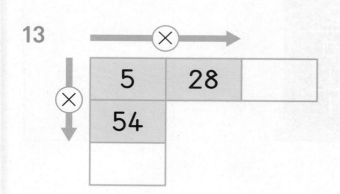

17
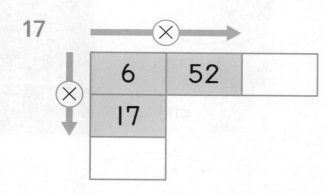

14
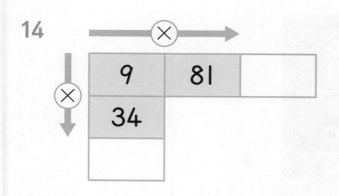

18
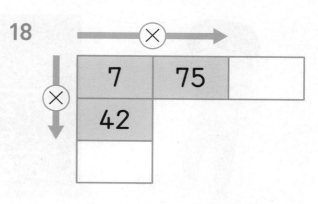

스스로 평가 😄 ☺ 😣

141

✏️ 진하, 미선, 정수가 잘못 계산한 곱셈식을 보고 그 이유를 설명했어요. 바르게 계산해 보세요.

3×40을
계산해야 하는데
3×4를 계산했어.

진하

$$\begin{array}{r} 3 \\ \times\ 46 \\ \hline 18 \\ 12\ \ \\ \hline 30 \end{array}$$

일의 자리와
십의 자리를 바꾸어
계산했어.

미선

$$\begin{array}{r} 7 \\ \times\ 32 \\ \hline 140 \\ 21\ \ \\ \hline 161 \end{array}$$

8×9를
계산해야 하는데
80×9를 계산했어.

정수

$$\begin{array}{r} 8 \\ \times\ 29 \\ \hline 720 \\ 160\ \ \\ \hline 880 \end{array}$$

✏️ 수 카드 3장을 한 번씩 모두 사용하여 곱셈식을 만들려고 해요. 만들 수 있는 모든 곱셈식을 만들어 계산하고 계산 결과가 가장 큰 것에 ○표 하세요.

7	4	9

```
      4
  ×  7 9
  3  1 6
```
(   )

```
       4
  × □ □
  □ □ □
```
(   )

```
       7
  × □ □
  □ □ □
```
(   )

```
       7
  × □ □
  □ □ □
```
(   )

```
       9
  × □ □
  □ □ □
```
(   )

```
       9
  × □ □
  □ □ □
```
(   )

5권	자연수의 곱셈과 나눗셈 (1)	일차	표준 시간	문제 개수
1주	똑같이 나누기	1일차	5분	16개
		2일차	7분	12개
		3일차	6분	16개
		4일차	6분	16개
		5일차	6분	6개
2주	곱셈식과 나눗셈식의 관계, 곱셈식을 보고 나눗셈의 몫 구하기	1일차	10분	20개
		2일차	10분	20개
		3일차	15분	20개
		4일차	8분	28개
		5일차	8분	28개
3주	곱셈구구로 나눗셈의 몫 구하기	1일차	12분	48개
		2일차	12분	48개
		3일차	12분	48개
		4일차	12분	48개
		5일차	7분	20개
4주	(몇십) × (몇), 올림이 없는 (두 자리 수) × (한 자리 수)	1일차	10분	38개
		2일차	10분	38개
		3일차	10분	42개
		4일차	10분	42개
		5일차	6분	20개
5주	십의 자리, 일의 자리에서 올림이 있는 (두 자리 수) × (한 자리 수)	1일차	10분	33개
		2일차	10분	33개
		3일차	12분	36개
		4일차	12분	36개
		5일차	6분	20개
6주	올림이 2번 있는 (두 자리 수) × (한 자리 수)	1일차	10분	33개
		2일차	10분	33개
		3일차	12분	36개
		4일차	12분	36개
		5일차	6분	20개
7주	올림이 없는 (세 자리 수) × (한 자리 수)	1일차	12분	33개
		2일차	12분	33개
		3일차	14분	36개
		4일차	14분	36개
		5일차	8분	20개
8주	올림이 있는 (세 자리 수) × (한 자리 수)	1일차	12분	30개
		2일차	12분	30개
		3일차	13분	36개
		4일차	13분	36개
		5일차	10분	18개
9주	(몇십) × (몇십), (몇십몇) × (몇십)	1일차	10분	33개
		2일차	10분	33개
		3일차	12분	36개
		4일차	12분	36개
		5일차	8분	18개
10주	(한 자리 수) × (두 자리 수)	1일차	10분	30개
		2일차	10분	33개
		3일차	12분	36개
		4일차	12분	36개
		5일차	8분	18개

1일 10분

초등 메가 계산력

5 권
초등 **3**학년

자연수의 곱셈과 나눗셈 (1)

정답

메가스터디 BOOKS

자기 주도 학습력을 높이는
1일 10분 습관의 힘

1일10분

초등 **메가 계산력**

5 권

초등 **3**학년

자연수의 곱셈과 나눗셈 (1)

정답

메가 계산력 이것이 다릅니다!

수학, 왜 어려워할까요?

자연수

쉽게 느끼는 영역	어렵게 느끼는 영역
작은 수	큰 수
덧셈	뺄셈
덧셈, 뺄셈	곱셈, 나눗셈
곱셈	나눗셈
세 수의 덧셈, 세 수의 뺄셈	세 수의 덧셈과 뺄셈 혼합 계산
사칙연산의 혼합 계산	괄호를 포함한 혼합 계산

분수와 소수

쉽게 느끼는 영역	어렵게 느끼는 영역
배수	약수
통분	약분
소수의 덧셈, 뺄셈	분수의 덧셈, 뺄셈
분수의 곱셈, 나눗셈	소수의 곱셈, 나눗셈
분수의 곱셈과 나눗셈의 혼합계산	소수의 곱셈과 나눗셈의 혼합계산
사칙연산의 혼합 계산	괄호를 포함한 혼합 계산

아이들은 수와 연산을 습득하면서 나름의 난이도 기준이 생깁니다. 이때 '수학은 어려운 과목 또는 지루한 과목'이라는 덫에 한번 걸리면 트라우마가 되어 그 덫에서 벗어나기가 굉장히 어려워집니다.

"수학의 기본인 계산력이 부족하기 때문입니다."

계산력, "플로 스몰 스텝"으로 키운다!

1일 10분 초등 메가 계산력은 반복 학습 시스템 **"플로 스몰 스텝(flow small step)"**으로 구성하였습니다. **"플로 스몰 스텝(flow small step)"**이란, 학습 내용을 잘게 쪼개어 자연스럽게 단계를 밟아가며 학습하도록 하는 프로그램입니다. 이 방식에 따라 학습하다 보면 난이도가 높아지더라도 크게 어려움을 느끼지 않으면서 수학의 개념과 원리를 자연스럽게 깨우치게 되고, 수학을 어렵거나 지루한 과목이라고 느끼지 않게 됩니다.

1. 매일 꾸준히 하는 것이 중요합니다.

자전거 타는 방법을 한번 익히면 잘 잊어버리지 않습니다. 이것을 우리는 '체화되었다'라고 합니다. 자전거를 잘 타게 될 때까지 매일 넘어지고, 다시 달리고를 반복하기 때문입니다. 계산력도 마찬가지입니다.

계산의 원리와 순서를 이해해도 꾸준히 학습하지 않으면 바로 잊어버리기 쉽습니다. 계산을 잘하는 아이들은 문제 풀이 속도도 빠르고, 실수도 적습니다. 그것은 단기간에 얻을 수 있는 결과가 아닙니다. 지금 현재 잘하는 것처럼 보인다고 시간이 흐른 후에도 잘하는 것이 아닙니다. 자전거 타기가 완전히 체화되어서 자연스럽게 달리고 멈추기를 실수 없이 하게 될 때까지 매일 연습하듯, 계산력도 매일 꾸준히 연습해서 단련해야 합니다.

2. 빠른 것보다 정확하게 푸는 것이 중요합니다!

초등 교과 과정의 수학 교과서 "수와 연산" 영역에서는 문제에 대한 다양한 풀이법을 요구하고 있습니다. 왜 그럴까요?

기계적인 단순 반복 계산 훈련을 막기 위해서라기보다 더욱 빠르고 정확하게 문제를 해결하는 계산력 향상을 위해서입니다. 빠르고 정확한 계산을 하는 셈 방법에는 머리셈과 필산이 있습니다. 이제까지의 계산력 훈련으로는 손으로 직접 쓰는 필산만이 중요시되었습니다. 하지만 새 교육과정에서는 필산과 함께 머리셈을 더욱 강조하고 있으며 아이들에게도 이는 재미있는 도전이 될 것입니다. 그렇다고 해서 머리셈을 위한 계산 개념을 따로 공부해야 하는 것이 아닙니다. 체계적인 흐름에 따라 문제를 풀면서 자연스럽게 습득할 수 있어야 합니다.

초등 교과 과정에 맞춰 체계화된 1일 10분 초등 메가 계산력의 **"플로 스몰 스텝(flow small step)"** 프로그램으로 계산력을 키워 주세요.

계산력 향상은 중·고등 수학까지 연결되는 사고력 확장의 단단한 바탕입니다.

1일

6쪽
7쪽

1 3	5 5	9 5	13 3
2 3	6 2	10 7	14 4
3 4	7 4	11 2	15 4
4 6	8 2	12 6	16 8

2일

8쪽
9쪽

1 6 / 18 나누기 3은 6과 같습니다.
2 5 / 35 나누기 7은 5와 같습니다.
3 3 / 15 나누기 5는 3과 같습니다.
4 4 / 16 나누기 4는 4와 같습니다.
5 8 / 32 나누기 4는 8과 같습니다.
6 7 / 21 나누기 3은 7과 같습니다.
7 8, 3 / 24 나누기 8은 3과 같습니다.
8 5, 8 / 40 나누기 5는 8과 같습니다.
9 3, 9 / 27 나누기 3은 9와 같습니다.
10 4, 7 / 28 나누기 4는 7과 같습니다.
11 6, 5 / 30 나누기 6은 5와 같습니다.
12 5, 5 / 25 나누기 5는 5와 같습니다.

3일

10쪽
11쪽

1 5, 2		9 7, 7, 7, 7	
2 2, 3		10 8, 8, 8, 8, 8	
3 3, 2		11 3, 3, 3, 3, 3, 3, 3	
4 2, 4		12 2, 2, 2, 2, 2, 2	
5 4, 2		13 6, 6, 6	
6 3, 3		14 5, 5, 5, 5	
7 2, 6		15 4, 4, 4, 4, 4	
8 8, 5		16 9, 9, 9	

4일

1	4, 3
2	2, 7
3	3, 7
4	8, 2
5	6, 3
6	4, 5
7	7, 4
8	5, 6

9	3, 3, 3, 3, 3, 3, 5
10	7, 7, 7, 7, 7, 7, 5
11	5, 5, 5, 5, 5, 4
12	6, 6, 6, 6, 6, 4
13	9, 9, 9, 9, 3
14	3, 3, 3, 3, 3, 4
15	9, 9, 9, 9, 9, 4
16	7, 7, 7, 7, 7, 7, 7, 6

5일

1	25, 5, 5 / 5
2	27, 3, 9 / 9
3	21, 7, 3 / 3

4	18, 9, 2 / 2
5	24, 6, 4 / 4
6	16, 4, 4 / 4

생각 수학

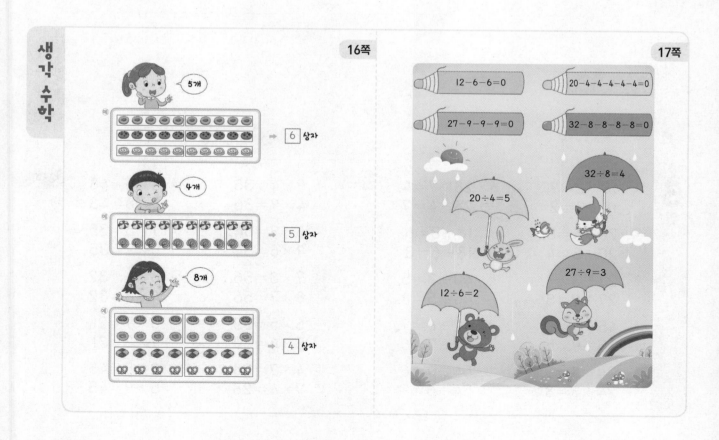

5

1일

20쪽			21쪽
1 3 / 3 / 3	6 7 / 7 / 2	11 5 / 5 / 5	16 4 / 4 / 2
2 5 / 5 / 5	7 8 / 8 / 3	12 6 / 6 / 6	17 7 / 7 / 6
3 4 / 4 / 4	8 6 / 6 / 4	13 2 / 2 / 2	18 5 / 5 / 4
4 7 / 7 / 7	9 5 / 5 / 9	14 5 / 5 / 5	19 9 / 9 / 6
5 2 / 2 / 2	10 6 / 6 / 3	15 8 / 8 / 8	20 7 / 7 / 4

2일

22쪽			23쪽
1 3 / 3 / 3	6 3 / 3 / 9	11 4 / 4 / 4	16 7 / 7 / 5
2 7 / 7 / 7	7 4 / 4 / 6	12 9 / 9 / 9	17 2 / 2 / 6
3 5 / 5 / 5	8 9 / 9 / 7	13 4 / 4 / 4	18 4 / 4 / 7
4 9 / 9 / 9	9 8 / 8 / 7	14 5 / 5 / 5	19 2 / 2 / 5
5 3 / 3 / 3	10 9 / 9 / 2	15 2 / 2 / 2	20 9 / 9 / 7

3일

24쪽			25쪽
1 $18 \div 2 = 9$, $18 \div 9 = 2$	6 $28 \div 7 = 4$, $28 \div 4 = 7$	11 $9 \times 4 = 36$, $4 \times 9 = 36$	16 $8 \times 6 = 48$, $6 \times 8 = 48$
2 $20 \div 4 = 5$, $20 \div 5 = 4$	7 $18 \div 3 = 6$, $18 \div 6 = 3$	12 $6 \times 9 = 54$, $9 \times 6 = 54$	17 $7 \times 5 = 35$, $5 \times 7 = 35$
3 $27 \div 3 = 9$, $27 \div 9 = 3$	8 $40 \div 8 = 5$, $40 \div 5 = 8$	13 $7 \times 8 = 56$, $8 \times 7 = 56$	18 $8 \times 4 = 32$, $4 \times 8 = 32$
4 $45 \div 5 = 9$, $45 \div 9 = 5$	9 $42 \div 6 = 7$, $42 \div 7 = 6$	14 $6 \times 5 = 30$, $5 \times 6 = 30$	19 $3 \times 7 = 21$, $7 \times 3 = 21$
5 $24 \div 8 = 3$, $24 \div 3 = 8$	10 $54 \div 9 = 6$, $54 \div 6 = 9$	15 $4 \times 7 = 28$, $7 \times 4 = 28$	20 $9 \times 5 = 45$, $5 \times 9 = 45$

4일

1	2	8	5	15	8	22	4
2	7	9	9	16	2	23	3
3	9	10	5	17	5	24	5
4	8	11	6	18	6	25	9
5	4	12	8	19	3	26	2
6	5	13	3	20	9	27	8
7	6	14	4	21	7	28	3

5일

1	7	8	2	15	7	22	7
2	9	9	5	16	4	23	8
3	6	10	9	17	6	24	3
4	5	11	6	18	9	25	2
5	3	12	5	19	8	26	9
6	8	13	2	20	3	27	6
7	4	14	4	21	5	28	7

생각 수학

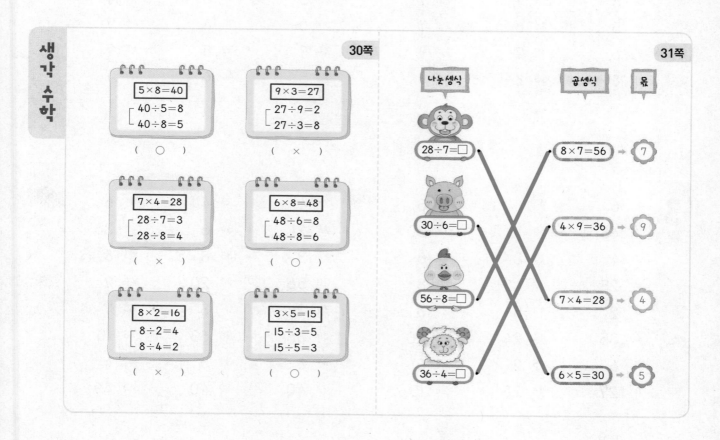

$5 \times 8 = 40$
$40 \div 5 = 8$
$40 \div 8 = 5$
(○)

$9 \times 3 = 27$
$27 \div 9 = 2$
$27 \div 3 = 8$
(×)

$7 \times 4 = 28$
$28 \div 7 = 3$
$28 \div 8 = 4$
(×)

$6 \times 8 = 48$
$48 \div 6 = 8$
$48 \div 8 = 6$
(○)

$8 \times 2 = 16$
$8 \div 2 = 4$
$8 \div 4 = 2$
(×)

$3 \times 5 = 15$
$15 \div 3 = 5$
$15 \div 5 = 3$
(○)

나눗셈식   곱셈식   몫

$28 \div 7 = \square$ $8 \times 7 = 56$ → 7
$30 \div 6 = \square$ $4 \times 9 = 36$ → 9
$56 \div 8 = \square$ $7 \times 4 = 28$ → 4
$36 \div 4 = \square$ $6 \times 5 = 30$ → 5

1일

34쪽

1	2	9	4	17	4		
2	2	10	6	18	8		
3	9	11	4	19	7		
4	4	12	3	20	5		
5	3	13	6	21	6		
6	2	14	5	22	9		
7	3	15	9	23	7		
8	7	16	4	24	9		

35쪽

25	4	33	3	41	9		
26	5	34	5	42	6		
27	6	35	9	43	7		
28	7	36	6	44	9		
29	5	37	8	45	7		
30	4	38	5	46	7		
31	2	39	6	47	8		
32	5	40	4	48	9		

2일

36쪽

1	2	9	5	17	8		
2	9	10	4	18	3		
3	4	11	5	19	9		
4	7	12	6	20	8		
5	5	13	9	21	7		
6	5	14	6	22	7		
7	6	15	7	23	9		
8	8	16	8	24	9		

37쪽

25	3	33	2	41	3		
26	2	34	4	42	2		
27	5	35	8	43	9		
28	5	36	3	44	6		
29	5	37	3	45	4		
30	6	38	4	46	7		
31	9	39	5	47	7		
32	5	40	6	48	7		

3일

38쪽

1	6	9	6	17	3		
2	48	10	16	18	30		
3	4	11	3	19	6		
4	25	12	42	20	8		
5	2	13	5	21	6		
6	35	14	24	22	20		
7	6	15	2	23	3		
8	27	16	28	24	15		

39쪽

25	4	33	4	41	6		
26	21	34	6	42	36		
27	3	35	8	43	8		
28	56	36	20	44	9		
29	2	37	3	45	7		
30	36	38	63	46	10		
31	8	39	5	47	4		
32	40	40	40	48	49		

1	8	9	7	17	6	**40쪽**	25	2	33	4	41	7	**41쪽**
2	48	10	72	18	24		26	56	34	45	42	15
3	9	11	7	19	5		27	9	35	3	43	4
4	42	12	18	20	27		28	24	36	54	44	32
5	5	13	3	21	5		29	7	37	7	45	8
6	24	14	36	22	12		30	14	38	28	46	45
7	4	15	8	23	5		31	9	39	7	47	2
8	12	16	18	24	64		32	18	40	30	48	35

1	3	6	7	**42쪽**	11	15	16	24	**43쪽**
2	7	7	7		12	9	17	8
3	9	8	6		13	5	18	16
4	4	9	4		14	27	19	3
5	7	10	9		15	7	20	6

생각수학

44쪽　　　　**45쪽**

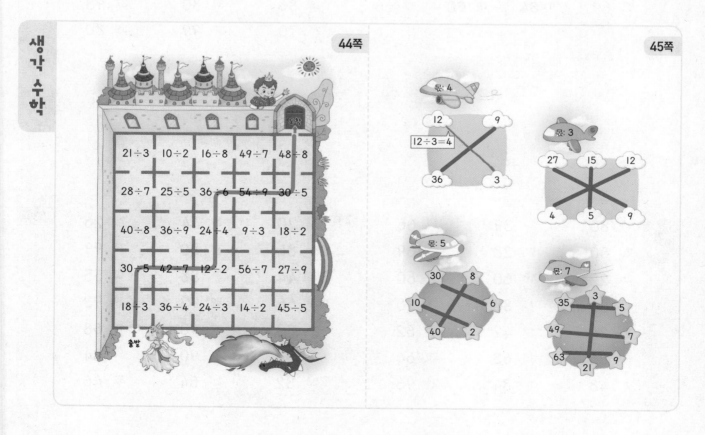

9

1일

48쪽

1	40	6	77	11	30	16	46	
2	44	7	66	12	26	17	63	
3	93	8	40	13	66	18	60	
4	42	9	69	14	48	19	28	
5	82	10	68	15	80	20	99	

49쪽

21	96	27	84	33	64
22	60	28	88	34	60
23	55	29	36	35	62
24	88	30	84	36	66
25	50	31	99	37	48
26	39	32	70	38	24

2일

50쪽

1	50	6	42	11	99	16	26	
2	60	7	82	12	36	17	64	
3	96	8	66	13	44	18	48	
4	39	9	68	14	28	19	62	
5	69	10	84	15	90	20	66	

51쪽

21	88	27	60	33	24
22	48	28	63	34	84
23	66	29	80	35	77
24	40	30	88	36	46
25	86	31	80	37	93
26	70	32	99	38	80

3일

52쪽

1	80	8	39	15	66
2	60	9	28	16	69
3	22	10	60	17	60
4	66	11	80	18	90
5	24	12	42	19	62
6	36	13	63	20	64
7	48	14	84	21	96

53쪽

22	70	29	44	36	26
23	86	30	80	37	99
24	44	31	88	38	55
25	66	32	77	39	93
26	80	33	40	40	68
27	33	34	90	41	84
28	82	35	64	42	46

4일

1	30	8	60	15	48	
2	50	9	80	16	90	
3	22	10	63	17	62	
4	36	11	84	18	96	
5	48	12	44	19	99	
6	26	13	88	20	82	
7	39	14	46	21	86	

22	55	29	28	36	42
23	84	30	44	37	40
24	90	31	24	38	70
25	88	32	60	39	66
26	93	33	60	40	60
27	20	34	80	41	39
28	66	35	99	42	69

5일

1	90	7	36
2	44	8	84
3	60	9	66
4	96	10	60
5	48	11	48
6	77	12	39

13	24 / 62	17	88 / 80
14	30 / 90	18	84 / 28
15	44 / 84	19	96 / 36
16	63 / 39	20	84 / 48

생각수학

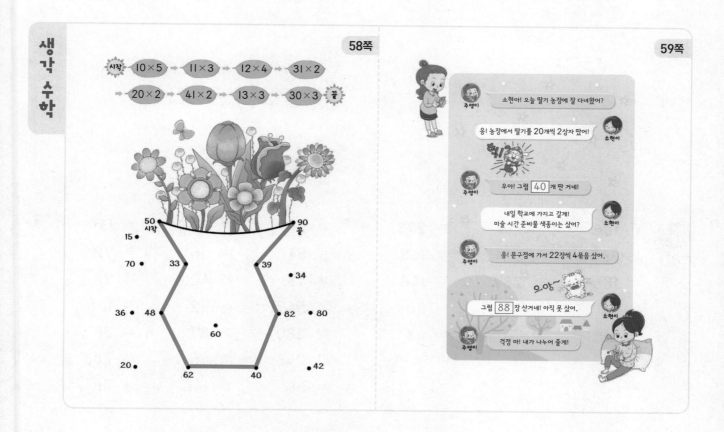

1일

						62쪽					63쪽
1	126	6	126	11	357	16	368	22	120	28	57
2	155	7	159	12	168	17	128	23	60	29	208
3	208	8	246	13	216	18	81	24	76	30	70
4	96	9	96	14	96	19	32	25	72	31	248
5	60	10	52	15	72	20	84	26	78	32	85
								21	96	27	497	33	328

2일

						64쪽					65쪽
1	249	6	248	11	108	16	210	22	84	28	219
2	189	7	122	12	128	17	64	23	98	29	84
3	72	8	94	13	76	18	147	24	246	30	164
4	50	9	74	14	78	19	95	25	65	31	188
5	96	10	98	15	92	20	78	26	426	32	68
								21	162	27	60	33	368

3일

						66쪽					67쪽
1	186	6	219	11	273	16	213	23	80	30	159
2	368	7	324	12	168	17	54	24	56	31	72
3	186	8	287	13	148	18	78	25	408	32	72
4	64	9	78	14	90	19	549	26	52	33	168
5	60	10	74	15	68	20	280	27	87	34	36
								21	243	28	45	35	288
								22	56	29	146	36	76

1 168	6 148	11 249	**68쪽**			

4 일

1 168	6 148	11 249
2 189	7 219	12 369
3 84	8 98	13 84
4 84	9 87	14 75
5 72	10 68	15 94

16 90	23 48	30 50
17 91	24 124	31 70
18 156	25 189	32 92
19 90	26 42	33 216
20 279	27 54	34 168
21 96	28 164	35 90
22 84	29 72	36 405

5 일

1 124	6 188
2 65	7 68
3 129	8 306
4 246	9 78
5 76	10 284

11 104	16 124
12 240	17 70
13 189	18 54
14 84	19 186
15 219	20 74

생각 수학

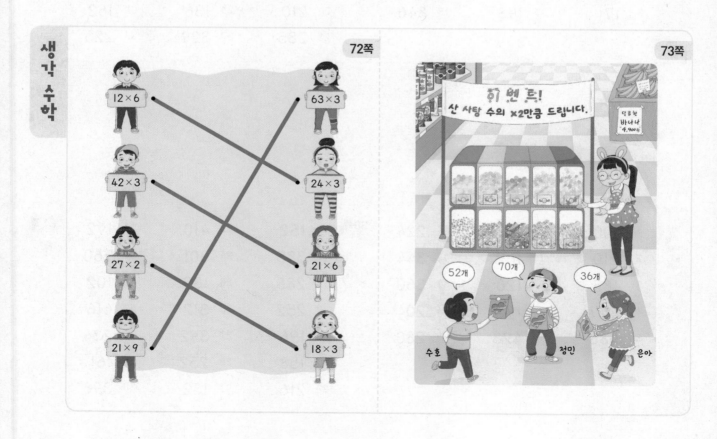

13

1일

76쪽

1 110	6 196	11 315
2 116	7 312	12 170
3 312	8 225	13 189
4 165	9 152	14 624
5 141	10 390	15 486

77쪽

16 130	22 184	28 432
17 474	23 525	29 150
18 194	24 175	30 224
19 292	25 465	31 384
20 333	26 208	32 176
21 405	27 268	33 264

2일

78쪽

1 165	6 322	11 130
2 112	7 184	12 456
3 292	8 415	13 306
4 252	9 180	14 104
5 171	10 198	15 846

79쪽

16 111	22 212	28 370
17 658	23 252	29 145
18 378	24 234	30 190
19 170	25 135	31 252
20 210	26 136	32 162
21 285	27 329	33 225

3일

80쪽

1 100	6 552	11 224
2 210	7 162	12 344
3 185	8 120	13 360
4 477	9 192	14 204
5 588	10 423	15 280

81쪽

16 152	23 410	30 192
17 385	24 301	31 760
18 288	25 132	32 102
19 252	26 312	33 616
20 196	27 392	34 234
21 158	28 252	35 161
22 216	29 132	36 396

4일

1 200	6 116	11 558
2 147	7 315	12 288
3 348	8 282	13 518
4 144	9 413	14 140
5 460	10 402	15 256

16 196	23 320	30 348
17 483	24 344	31 693
18 154	25 136	32 120
19 152	26 171	33 332
20 224	27 296	34 432
21 440	28 184	35 230
22 273	29 297	36 552

5일

1 140	6 174
2 332	7 324
3 152	8 141
4 130	9 174
5 228	10 168

11 144	16 378
12 195	17 234
13 335	18 210
14 196	19 162
15 264	20 336

생각 수학

76개씩 3상자

67개씩 5상자

$76 \times 3 = 228$ (개)

$67 \times 5 = 335$ (개)

53개씩 6상자

86개씩 4봉지

$53 \times 6 = 318$ (개)

$86 \times 4 = 344$ (개)

가로 열쇠
① 48×3
② 67×7
③ 54×6
④ 36×8

세로 열쇠
㉠ 53×8
㉡ 89×7
㉢ 37×4
㉣ 79×2

15

1일

1 800	6 1600	11 804
2 446	7 2700	12 639
3 3500	8 840	13 4200
4 628	9 3000	14 900
5 1800	10 842	15 360

16 800	22 268	28 690
17 903	23 448	29 400
18 484	24 428	30 286
19 963	25 600	31 808
20 282	26 884	32 990
21 909	27 996	33 686

2일

1 884	6 933	11 428
2 646	7 633	12 693
3 864	8 906	13 884
4 628	9 3000	14 622
5 448	10 846	15 369

16 840	22 880	28 284
17 966	23 802	29 939
18 248	24 600	30 396
19 608	25 699	31 339
20 639	26 488	32 906
21 826	27 960	33 800

3일

1 424	6 6300	11 690
2 1500	7 608	12 5400
3 2400	8 4000	13 826
4 484	9 864	14 1600
5 1200	10 2700	15 963

16 696	23 930	30 804
17 886	24 309	31 369
18 900	25 609	32 990
19 936	26 482	33 600
20 396	27 848	34 228
21 682	28 800	35 669
22 969	29 628	36 390

						96쪽							97쪽
1	228	6	848	11	884		16	488	23	933	30	648	
2	996	7	246	12	669		17	993	24	862	31	448	
3	486	8	866	13	628		18	280	25	408	32	688	
4	462	9	268	14	488		19	804	26	288	33	408	
5	284	10	846	15	909		20	208	27	900	34	480	
							21	680	28	393	35	844	
							22	400	29	484	36	808	

				98쪽					99쪽
1	900	6	936		11	336	16	884	
2	880	7	393		12	990	17	648	
3	484	8	800		13	426	18	800	
4	633	9	828		14	846	19	624	
5	488	10	640		15	369	20	840	

생각 수학

100쪽 101쪽

1일

					104쪽
1 250	6 2184	11 2560	16 516	21 4152	26 3960
2 723	7 2728	12 1092	17 2490	22 2681	27 1108
3 1212	8 2280	13 1578	18 4370	23 1578	28 2286
4 978	9 1650	14 2752	19 1484	24 3256	29 1168
5 825	10 2956	15 3150	20 1635	25 1535	30 5790

105쪽

2일

					106쪽
1 2648	6 1654	11 1638	16 2424	21 1924	26 1575
2 3700	7 1740	12 550	17 3168	22 672	27 2848
3 1491	8 4692	13 816	18 5160	23 1645	28 402
4 356	9 2805	14 3296	19 1722	24 6822	29 5211
5 1641	10 4290	15 2916	20 3880	25 890	30 3624

107쪽

3일

					108쪽
1 519	6 1544	11 2284	16 2240	23 1465	30 3492
2 1676	7 1890	12 444	17 4704	24 3640	31 2124
3 2916	8 3222	13 1589	18 927	25 1456	32 1302
4 2718	9 5192	14 1192	19 3132	26 1630	33 978
5 4635	10 3031	15 7047	20 3297	27 6856	34 3756
			21 2760	28 4298	35 1548
			22 2545	29 740	36 2241

109쪽

1	1038	6	2100	11	1362	**110쪽**				
2	508	7	1418	12	426					
3	3110	8	735	13	1535					
4	1632	9	1928	14	4884					
5	3784	10	1324	15	2049					

						111쪽
16	4554	23	1344	30	3024	
17	1310	24	2562	31	5145	
18	3808	25	3315	32	690	
19	1536	26	1576	33	2965	
20	4644	27	1106	34	3720	
21	1348	28	4230	35	1236	
22	3136	29	4288	36	7803	

(위에서부터)　　**112쪽**

1	648 / 1080	5	1036 / 2072
2	4410 / 5880	6	822 / 1096
3	2429 / 2776	7	1214 / 2428
4	2457 / 4095	8	3171 / 4077

113쪽

9	2140	14	2772
10	5760	15	1470
11	2618	16	2252
12	3620	17	1344
13	1428	18	2208

생각 수학

114쪽　　**115쪽**

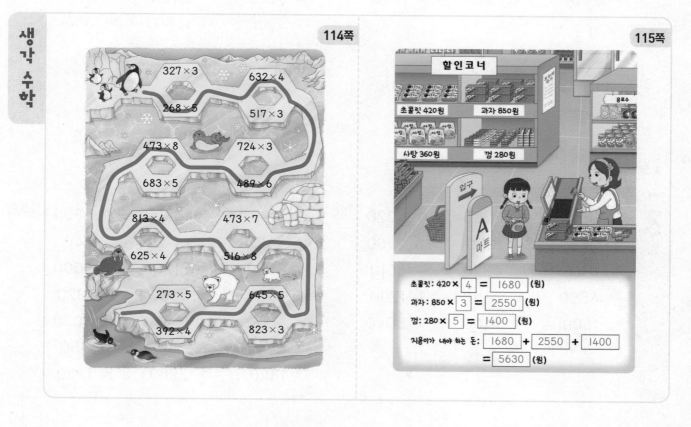

1일

								118쪽						119쪽
1	200	6	2500	11	6120		16	1200	22	2000	28	2460	
2	860	7	4900	12	1800		17	1880	23	7360	29	4050	
3	2400	8	6800	13	2450		18	2100	24	1470	30	260	
4	6510	9	2100	14	4800		19	2160	25	780	31	3200	
5	3000	10	7560	15	2760		20	5740	26	1800	32	2920	
							21	780	27	2960	33	3200	

2일

								120쪽						121쪽
1	690	6	1080	11	2460		16	960	22	4880	28	850	
2	680	7	1500	12	680		17	3420	23	2400	29	2380	
3	1800	8	3840	13	3240		18	3900	24	1560	30	1260	
4	540	9	4130	14	3500		19	2790	25	2800	31	1680	
5	2400	10	1380	15	1520		20	6720	26	2480	32	4850	
							21	3900	27	1680	33	3600	

3일

								122쪽						123쪽
1	3500	6	3200	11	4020		16	1440	23	1800	30	5700	
2	8460	7	1050	12	2800		17	4410	24	640	31	640	
3	1560	8	4320	13	6510		18	3680	25	3120	32	6000	
4	4550	9	3600	14	1200		19	4720	26	5600	33	1320	
5	1600	10	2400	15	5040		20	4050	27	1140	34	6030	
							21	4440	28	1500	35	1150	
							22	1890	29	2280	36	1280	

1	680	6	1400	11	1980		**124쪽**
2	2000	7	2870	12	1400		
3	1960	8	2700	13	3350		
4	1280	9	2160	14	3200		
5	1200	10	2450	15	7470		

16	5220	23	1500	30	1700		**125쪽**
17	1880	24	520	31	2940		
18	7020	25	510	32	3600		
19	1380	26	1000	33	3760		
20	1380	27	6300	34	3640		
21	5320	28	5130	35	2160		
22	1050	29	910	36	3560		

1	1200	6	2880	**126쪽**
2	720	7	3200	
3	4140	8	1350	
4	4960	9	1590	
5	2240	10	1040	

11	1200 / 1120	15	1900 / 2350	**127쪽**
12	1950 / 2340	16	800 / 840	
13	4320 / 5490	17	1380 / 3240	
14	2940 / 3500	18	2720 / 4160	

생각수학

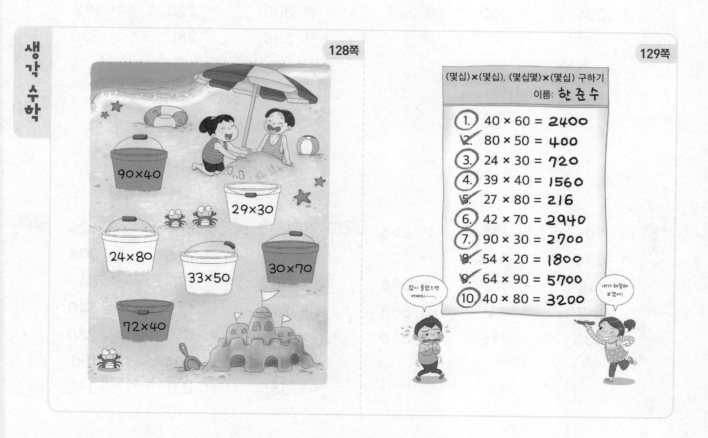

1일

132쪽
1 102
2 118
3 147
4 666
5 258
6 164
7 280
8 228
9 222
10 80
11 136
12 215

133쪽
13 42
14 348
15 204
16 564
17 416
18 201
19 368
20 168
21 370
22 567
23 81
24 96
25 180
26 183
27 72
28 432
29 315
30 684

2일

134쪽
1 372
2 414
3 140
4 195
5 204
6 534
7 154
8 342
9 188
10 200
11 105
12 576
13 224
14 470
15 147

135쪽
16 84
17 651
18 424
19 156
20 300
21 558
22 336
23 210
24 135
25 246
26 220
27 285
28 85
29 365
30 126
31 217
32 192
33 330

3일

136쪽
1 70
2 376
3 140
4 512
5 333
6 135
7 438
8 112
9 445
10 196
11 268
12 72
13 288
14 553
15 368

137쪽
16 161
17 480
18 387
19 290
20 747
21 392
22 58
23 534
24 266
25 195
26 123
27 64
28 504
29 160
30 624
31 378
32 84
33 340
34 280
35 150
36 392

4일

138쪽

1 165	6 224	11 536
2 387	7 174	12 52
3 520	8 162	13 70
4 492	9 525	14 184
5 196	10 172	15 335

139쪽

16 354	23 693	30 616
17 248	24 111	31 216
18 176	25 330	32 546
19 432	26 632	33 399
20 344	27 104	34 195
21 198	28 182	35 792
22 388	29 355	36 152

5일

140쪽

1 217	6 440
2 249	7 188
3 196	8 115
4 98	9 369
5 216	10 390

141쪽

(위에서부터)

11 78 / 288	15 296 / 760
12 234 / 186	16 256 / 108
13 140 / 270	17 312 / 102
14 729 / 306	18 525 / 294

생각 수학

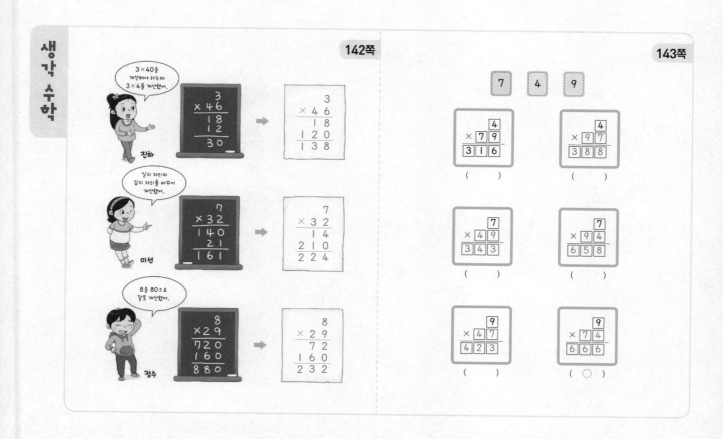

23

1일 10분
초등 메가
계산력

정답

우리 아이가 먼저 찾으니까, 매일 풀고 싶어 하니 까

초등 독해 시작은
1일 1독해

새로워진 1일 1독해 시리즈

**하루 15분
지문 한쪽 문제 한쪽** | **초등 교과와 연계한
다양한 주제** | **어휘와 독해 실력
동시 향상**

메가스터디 BOOKS

잘 키운 문해력, 초등 전 과목 책임진다!

메가스터디
초등 문해력 시리즈

학습 대상 : 초등 2~6학년

초등 문해력 어휘 활용의 힘	>	초등 문해력 한 문장 정리의 힘	>	초등 문해력 한 문장 정리의 힘
어휘편 1~4권		**기본편** 1~4권		**실전편** 1~4권

메가스터디BOOKS